myBook+

AF626394

Ein neues Leseerlebnis

Lesen Sie Ihr Buch online im Browser – geräteunabhängig und ohne Download!

Und so einfach geht's:

- Gehen Sie auf **https://mybookplus.de**, registrieren Sie sich und geben Ihren Buchcode ein, um zu Ihrem Buch zu gelangen
- **Ihren individuellen Buchcode finden Sie am Buchende**

Wir wünschen Ihnen viel Spaß mit myBook+!

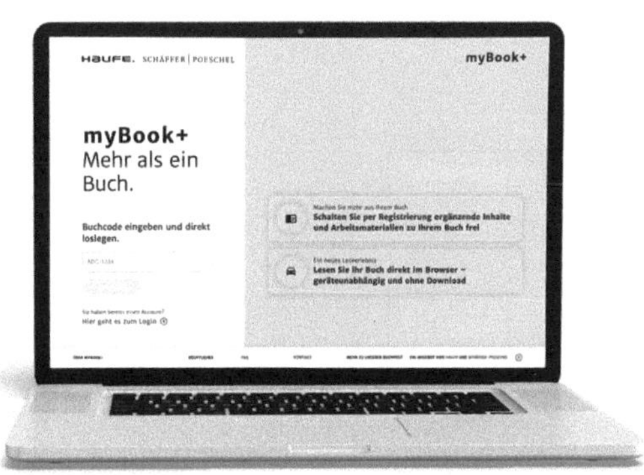

Geschäftsprozesse erkennen, verstehen und optimieren

Simone Glitsch

Geschäftsprozesse erkennen, verstehen und optimieren

Mit grafischem Prozessmodell

1. Auflage

Schäffer-Poeschel Verlag Stuttgart

Das grafische Prozessmodell kannst du hier downloaden: https://prozessoptimierung-sprung.de/prozessmodell). Hier erhältst du den passenden Videokurs und ergänzende Materialien, mit dem auf Seite 143 (»Über die Autorin«) genannten Code vergünstigt.

Bibliografische Information der Deutschen Nationalbibliothek

Die Deutsche Nationalbibliothek verzeichnet diese Publikation in der Deutschen Nationalbibliografie; detaillierte bibliografische Daten sind im Internet über http://dnb.dnb.de/ abrufbar.

Print: ISBN 978-3-7910-5953-2 Bestell-Nr. 10969-0001
ePub: ISBN 978-3-7910-5954-9 Bestell-Nr. 10969-0100
ePDF: ISBN 978-3-7910-5955-6 Bestell-Nr. 10969-0150

Simone Glitsch
Geschäftsprozesse erkennen, verstehen und optimieren
1. Auflage, September 2023

www.schaeffer-poeschel.de
service@schaeffer-poeschel.de

Bildnachweis (Cover): Stoffers Grafik-Design, Leipzig

Produktmanagement: Dr. Frank Baumgärtner
Lektorat: Markus Pohlmann, IQ Verlagsbüro, Heidelberg

Schäffer-Poeschel Verlag Stuttgart
Ein Unternehmen der Haufe Group SE

Inhaltsverzeichnis

Abbildungsverzeichnis

1 Mysterium Prozess

Du hast dich mit der Abbildung von Prozessen beschäftigt, wenn du zu diesem Buch greifst.

Und du wirst wahrscheinlich – so wie ich damals – eine gute Antwort auf diese drei Fragen suchen (Abb. 1):

- Was ist ein Prozess?
- Von wo bis wo geht ein Prozess?
- Wie detailliert sollte ein Prozess betrachtet werden?

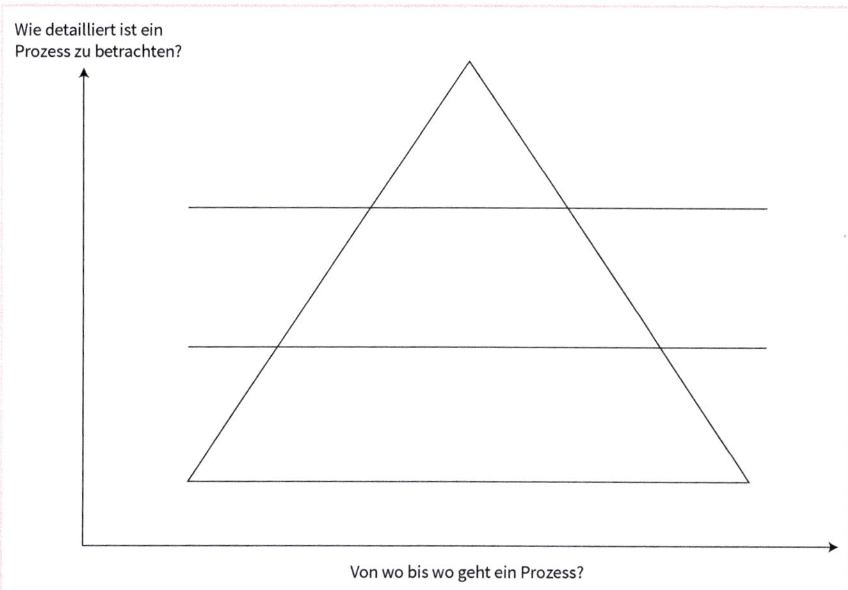

Abb. 1: Die entscheidenden Fragen

So simple Fragen.

Doch damals konnte ich sie nicht beantworten.

Ich war fassungslos.

1.1 Knifflige Fragen

Wie konnte das sein?

Schließlich war ich über 25 Jahre als Beraterin unterwegs.

Ich dachte, ich wüsste fast alles über Prozesse.

Doch dann stellten mir Leser:innen meines Blogs diese Fragen. Und das mehrfach!

Fragen, die ich *aus dem Bauch heraus* beantworten konnte.

Aber ich wollte fundierte Artikel für meinen Blog schreiben.

Ich suchte im Internet nach Definitionen für den Prozess. Und fand nicht nur eine, sondern sehr viele.

Doch ohne eine klare Antwort auf die kniffligen Fragen zu bekommen.

So ging ich zum Bücherregal, schaute in ein Fachbuch und fand die Antwort – nicht. Ich nahm das nächste Buch und bekam wieder keine konkrete Antwort. Auch nicht im Nächsten und Übernächsten.

Dann machte ich mich auf in die Bibliothek – und fand auch hier keine zufrieden stellende Antwort.

Zwischen den Fragen meiner Leser:innen und den Antworten im vorliegenden Werk liegen mehrere Jahre intensiver Beschäftigung mit dem Thema Prozesse. Nun weiß ich, dass wir alle etwas anders auf Prozesse schauen.

Doch wir brauchen einen gemeinsamen Nenner.

Auf der Suche nach diesem gemeinsamen Nenner habe ich die meisten deutschen Fachbücher zum Prozessmanagement sowie zahlreiche internationale Werke gelesen. Ich habe im Internet recherchiert, diverse Podcasts gehört und Veranstaltungen besucht.

Doch einen gemeinsamen Nenner habe ich nicht entdeckt.

Also habe ich die fachliche Grenze des Prozessmanagements überschritten.

Ich bin tiefer gegangen.

Ich bin in die klassische Organisationstheorie[1] eingestiegen.

Hier habe ich die Antwort gefunden.

Es war eine Antwort, die ich schon häufiger gehört hatte.

Doch da war ich nicht in Bücher vertieft:

Ich war als Beraterin beim Kunden.

Um Prozesse zu analysieren, machte ich Interviews mit Mitarbeiter:innen.

Ich hörte die gleiche Antwort auf meine Frage: »Was ist Ihr Prozess?«

Mitarbeiter:innen und Organisationstheorie haben mir also die gleiche Antwort geliefert.

Erst hat es mich erstaunt.

Dann fand ich es logisch – sehr logisch.

In diesem Buch erläutere ich dir diese Antwort.

Es ist keine einfache Antwort, die ich von Mitarbeiter:innen und aus der Organisationstheorie erhalten habe. Es waren eher Indizien, denen ich nachgegangen bin.

So viel vorweg:

Mitarbeiter:innen und Organisationstheorie haben die gleiche Betrachtungsweise von Prozessen. Sie schauen vom gleichen Bezugspunkt.

Dieser Bezugspunkt ist entscheidend.

Von ihm ausgehend, erhältst du in diesem Buch ein Gerüst, wie du Prozesse umfassend betrachten kannst.

Das wird dir helfen, Zusammenhänge zu erkennen, und dir die Basis für grundsolides Prozessmanagement geben.

1 Kosiol (1962), Nordsieck (1955), Gaitanides (2007).

1.2 Wie wir Prozesse verstehen, macht den Erfolg aus

Prozesse sind wie das Fundament eines Hauses.

Stimmt das Fundament nicht, werden die Etagen 1 und 2 schief.

Bei Etage 3 wackelt alles …

Entweder hört man jetzt auf – oder riskiert, dass beim Bau der Etage 4 alles einstürzt.

Schwierige Entscheidung.

Das Gemeine daran: Zunächst sieht alles ganz gut aus.

Hier und da ein bisschen schief – naja.

Etage 3: Es wackelt.

Dann kommt die Erkenntnis: Etwas stimmt nicht.

Wenn die Basis – das richtige Prozessverständnis – fehlt, dann
- werden die abgebildeten Prozesse ein »Na und?« statt eines »Aha!« bewirken;
- werden Lücken in der Prozessabbildung erst auffallen, wenn der Kollege in Rente ist;
- wird im Klein-Klein optimiert, statt die gesamte Prozesslandschaft zu gestalten;
- wird die Automatisierung zu einer Fleißaufgabe, in der kostenintensiv passend gemacht wird, statt nur noch den Hebel umzulegen.

Doch mal ehrlich:

Möchtest du alles noch mal abreißen und von vorn anfangen?

Du bist ja nicht allein: Management und Kolleg:innen müssten auch mitmachen.

Es läuft meist auf ein Ausbessern hinaus, auf einen Flickenteppich …

Sicher wirst du dann denken:

Hätte ich das nur vorher gewusst!

Ja, da bin ich ganz bei dir.

Es macht viel Sinn, das vorab zu wissen.

Deshalb dieses Werk.

Mit diesem Buch möchte ich dich und dein Unternehmen vor dem Flickenteppich bewahren.

Ich zeige dir, wie du ein solides Fundament legst.

Auf diesem könnt ihr einen funkelnden Wolkenkratzer bauen.

Dieser funkelnde Wolkenkratzer steht sinnbildlich für die gelungene Transformation deines Unternehmens.

Noch ist das Unternehmen so konstruiert, wie damals zum Beginn der Industrialisierung.

Heute braucht es ein anderes Unternehmensdesign, das für das digitale Zeitalter geeignet ist.

Transformation bedeutet: Baue dein Unternehmen um.

Das richtige Prozessverständnis ist das Fundament für nachhaltiges Prozessmanagement. Das vermittle ich dir in diesem Buch.

2 Stolpersteine

Als Beraterin für Prozessmanagement habe ich viel Zeit mit der Aufnahme von Prozessen und deren Modellierung verbracht.

Die meisten dieser Projekte sind in meinen Augen gescheitert:

Prozessbeschreibungen wurden erstellt. Dann wurden sie abgelegt.

Und weiter passierte: nichts.

Heute arbeite ich als fachlicher Guide und helfe großen Unternehmen Prozessmanagement eigenständig einzuführen.

Viele meiner Kund:innen wagen einen zweiten Anlauf.

Im ersten Anlauf haben sie fleißig Prozessbeschreibungen erstellt. Doch die Erkenntnis blieb aus.

Prozessmanagement wurde als nutzlos empfunden.

Bitter schaut man auf den enormen Aufwand, den man zur Modellierung von Prozessen auf sich genommen hat.

Woran es liegt?

Eine Ursache habe ich in der Betrachtung und Darstellung von Prozessen gefunden. In diesem Kapitel schildere ich dir meine Beobachtungen.

Ich habe sie Stolpersteine genannt.

Du kannst sie einzeln lesen oder gleich zu Kap. 3 springen, wenn du dich bisher nicht mit Prozessdarstellung beschäftigt hast.

Jeder Stolperstein ist in meine Überlegungen zum Prozess eingeflossen.

Wie du die Stolpersteine vermeidest, zeige ich dir in diesem Buch.

2.1 Das ist die Prozessdefinition

Wir lesen eine Definition und sind geneigt, den Verfasser:innen umfassende Fachkompetenz und Selbstlosigkeit zuzuschreiben.

Wir sind dankbar für eine schnelle Lösung unseres Problems. Mit der gefundenen Definition machen wir gleich mit unserer Bearbeitung weiter. Wir hinterfragen sie nicht.

Leider sagen Verfasser:innen einer Prozessdefinition selten: »Ich blicke aus diesem Kontext darauf und sehe das so.«

Es fehlt eine deutliche Abgrenzung zu anderen Betrachtungsweisen. Das führt zu Unschärfen. Wir verwenden den gleichen Begriff »Prozess«, meinen jedoch unterschiedliche Sachverhalte.

Doch wir merken es nicht direkt.

> **!** Den Begriff »Prozess« verwenden wir so universell wie das Wort »Tempos«, wenn wir Taschentücher meinen.

Eine messerscharfe Definition des Prozessbegriffs ist notwendig.

Diese Definition sollte verdeutlichen, dass aus unterschiedlichen Perspektiven auf den Begriff Prozess geschaut werden kann – beispielsweise indem der Prozessbegriff präzisiert wird.

Viele Fachbücher gehen nicht oder nur am Rande auf den Sachverhalt ein, dass es unterschiedliche Sichten gibt.

Meine Intuition ist erst durch den Beitrag von Paul Harmon im englischsprachigen Handbuch zum Business-Prozessmanagement (BPM; Harmon 2015, S. 38) bestätigt worden.

Paul Harmon unterscheidet diese drei generellen Sichtweisen:

- die *Sicht der IT*,
- die *Sicht des Qualitätsmanagements*,
- die *Sicht auf die Organisation als Ganzes*.
- Ich sehe den Unterschied so:

Die *Sicht der IT* (Dumas et al. 2020, S. 7) konzentriert sich darauf, Prozesse schneller zu machen.

Die *Sicht des Qualitätsmanagements* ist begrifflich dem IT-Ansatz nahe (DIN EN ISO 9000:2015-11; Abschn. 3.4.1). In der Praxis werden Methoden wie Six Sigma angewandt, die sich auf die Verbesserung bestimmter Aspekte konzentrieren.

Die *Sicht auf die Organisation als Ganzes* finde ich am ehesten in dem Bestreben, die funktionsübergreifende Zusammenarbeit mit Sicht auf die Kund:innen in den Vordergrund zu stellen (Schmelzer & Sesselmann 2020, S. 64).

In diesem Buch stelle ich den Prozess aus der Perspektive der Organisation als Ganzes vor.

Ich arbeite mit dem Begriff »Geschäftsprozess«.

2.2 Mit Standardprozessen bin ich sicher

O2C, P2P und H2R …

Wenn dir diese Abkürzungen etwas sagen, dann bist du mit Informationstechnologie (IT) vertraut.

Mit O2C, P2P und H2R werden Prozessen bezeichnet, die in der IT laufen.

Sie werden von einigen als Standardprozesse eingestuft und auch als End-to-End-Prozesse bezeichnet.

Chief Information Officers (CIO) beschäftigen sich derzeit mit diesen Prozessen, weil sie beispielsweise

- die Einführung eines neuen Enterprise-Resource-Planning-(ERP-)Systems vorantreiben oder
- auf die Version SAP HANA umstellen.

Um teure Anpassungen der Software an die eigenen Prozesse zu vermeiden, sind viele CIOs um die Übernahme des Standards bemüht.

Hier trifft im Tagesgeschäft deines Unternehmens die Sichtweise der Mitarbeiter:innen auf ihre Prozesse – die Geschäftsprozesse – auf die Sichtweise der IT-Fachleute auf deren IT-Prozesse.

Wir sprechen allgemein von »Prozessen«, meinen dann jedoch **bestimmte** Prozesse.

> **!** Durch die IT-Brille schauen wir anders auf Prozesse.
> Diese sollten sprachlich von Geschäftsprozessen abgegrenzt werden.

Im Folgenden werde ich den Begriff »Prozess« im Sinne von »Geschäftsprozess« verwenden.

2.3 EPK und DEMI sind ein Dream-Team

Meine ersten Prozessdarstellungen waren Textwüsten.

Das war in den frühen 1990er-Jahren, als ich mit vielen Qualitätsmanagementsystemen nach ISO 9001 beschäftigt war.

Abläufe wurden auf vielen Seiten als Verfahrensanweisung dargestellt.

In den späten 1990er-Jahren habe ich das erste Mal mit einem Flussdiagramm gearbeitet und EPK eingesetzt.

EPK steht für »ereignisgesteuerte Prozessketten«, eine Modellierungsnotation für Prozessdiagramme.

Gut verständlich wurden die Aufgaben mit EPK in Kästchen formuliert, für die Verantwortlichkeit gab es jedoch keine Visualisierung.[2]

Deshalb setzte man damals eine Verantwortlichkeitsmatrix nach dem DEMI-Muster neben das Ablaufdiagramm.

DEMI steht für:
- D – Durchführen
- E – Entscheiden
- M – Mitwirken
- I – Informieren

Gleichlautend steht das englischsprachige **RACI**-Modell für:
- R – Responsible
- A – Accountable
- C – Consulted
- I – Informed

Das war oft eine Verschlimmbesserung. Die Verantwortung wurde nicht klarer.

Angetrieben vom Bestreben, die Spalten E – Entscheiden, M – Mitwirken und I – Informieren zu füllen, entstanden ausufernde Ablaufdiagramme mit vielen Kästchen.

Jede Kleinigkeit bekam Bedeutung.

2 Mit der Weiterentwicklung der eEPK, der erweiterten EPK, wurde damals selten gearbeitet.

So konnten die ursprünglich gut lesbaren Ablaufdiagramme keinen Erkenntnisgewinn erzielen.

Die Unklarheiten über
- den Ablauf und
- die Verantwortlichkeiten

wurden nicht ausgeräumt – nur anders dargestellt.

Die DEMI-Matrix ist hilfreich. Sie setzt jedoch das Wissen über die Aufbauorganisation voraus.

> **!** Für die Prozessdarstellung ist die Unterscheidung zwischen Durchführung und Entscheidungsverantwortung essenziell.

Wie diese Unterscheidung im Unternehmen geregelt ist, wird im Organigramm visualisiert.

In Kap. 5 gehe ich auf diese Problematik ein.

2.4 Mit Prozess Steckbriefen alles auf einen Blick

Lange Texte sind für niemanden schnell zu erfassen.

Da wir jedoch schnell verstehen wollen, haben sich auch andere Formen der Prozessdarstellung herausgebildet, wie SIPOC, Turtle-Diagramm und Prozess-Steckbrief.

SIPOC ist ein im Lean Management verbreitetes Werkzeug des Six-Sigma-Ansatzes. Auf einer Seite werden aufgelistet:
- Suppliers (Lieferant:innen),
- Inputs (Eingaben),
- Process (Prozess),
- Outputs (Ergebnisse),
- Customers (Kund:innen).

Ähnlich funktioniert das damals im Qualitätsmanagement häufig angewandte Turtle-Diagramm.

Im *Turtle-Diagramm* werden als Gliedmaßen einer Schildkröte visualisiert:
- Eingaben in den Prozess,
- Ergebnisse des Prozesses,
- Ziele,
- Ressourcen,

- Beteiligte,
- Kennzahlen,
- Methoden.

Der eher im Prozessmanagement benutzte *Prozesssteckbrief* ist in Tabellenform aufgebaut und stellt ähnliche Angaben zu einem Prozess auf einem Blatt dar.

Mit diesen Darstellungsformen werden die Aspekte eines Prozesses übersichtlich aufgeführt.

Das kann bei der anfänglichen Betrachtung von Prozessen hilfreich sein. Doch darf an diesem Punkt die Prozessbetrachtung nicht beendet werden.

> ! Die Prozessdarstellung darf sich nicht auf einen Prozess beschränken.
> Sie muss die vielfältige Verzahnung aller Prozesse des Unternehmens erfassbar machen.

Prozessmanagement ist ein anderes Wort für Zusammenarbeit. Diese gilt es zu visualisieren.

Ab Kap. 5 gehe ich auf diesen Aspekt der Prozessdarstellung näher ein.

2.5 Mit einem Tool erreiche ich eine saubere Prozessdarstellung

Häufig ist mir diese Aussage begegnet:

Eine saubere Prozessdarstellung erreiche ich mit einem Tool zur Modellierung von Prozessen.

Darauf vertrauen Unternehmen und investieren in ein entsprechendes Tool.

Zur Anschaffung des Tools gehören Schulungen.

Diese Schulungen dauern mehrere Tage. Die Funktionsweise des Tools wird erklärt und die Modellierung der Prozesse gezeigt.

Damit fühlen sich viele fit für die Prozessanalyse.

> ! Für eine saubere Prozessdarstellung ist es nicht ausreichend,
> eine Modellierungsnotation zu verwenden.

Warum die Modellierungsnotation allein nicht ausreicht, zeige ich dir auf den nächsten Seiten.

2.6 Mit BPMN bin ich sicher

Um das Jahr 2010 habe ich begonnen, Ablaufdiagramme in BPMN zu visualisieren.

BPMN – Business Process Model and Notation – ist die Modellierungssprache, die sich durchgesetzt hat.

Sie wurde im Jahr 2006 von der OMG herausgegeben.

OMG[3] – die Object Management Group – ist eine herstellerunabhängige Plattform, die Standards für Datenmodelle entwickelt.

Viele große Softwarehersteller wie Microsoft, Apple oder IBM sind Mitglied.

Der OMG gelang es, die bis dato unterschiedlichen Ansätze zur Prozessmodellierung der Toolhersteller in einem Standard zu vereinigen.

Mit BPMN sollten sowohl Nichttechniker als auch Fachkundige auf dem Gebiet der Informationstechnik angesprochen werden.

BPMN soll wie eine Brücke Geschäftsprozessdesign und Implementierung von Prozessen verbinden.[4]

Bei den Fachbereichen ist BPMN angekommen.

Ich beobachte, dass fast alle aktuellen Modellierungen in BPMN vorgenommen werden.

Dagegen habe ich die Prozessautomatisierung mittels BPMN nicht so häufig beobachten können.

Das liegt bei meinen Projekten zum einen daran, dass die Unternehmen noch mit der Abbildung der Prozesse beschäftigt sind.

Zum anderen liegt es daran, dass lediglich einige wenige Prozesse wie Freigaben mittels Workflows automatisiert werden. Diese sind oftmals im Tool zur Abbildung der Prozesse schon vordesignt.

Die Prozessautomatisierung ist heute technisch weit entwickelt. Sie ist auch ohne Modellierungssprache – quasi durch jedermann – einfach vorzunehmen. Hierauf gehe ich im abschließenden Kap. 12 ein.

3 https://www.objectmanagementgroup.org/
4 https://www.omg.org/bpmn/index.htm

Für die Prozessmodellierung ist es hilfreich, Folgendes zu verstehen:

> **!** BPMN wurde entwickelt, um Prozesse zu automatisieren.
>
> Dafür wurde mit BPMN eine Modellierungssprache entwickelt, die für IT-Fachleute wie für Nichtfachleute gleichermaßen anwendbar ist.

2.6.1 In BPMN sollte ich viele Symbole verwenden

Dies versteht man sehr schnell, wenn man auf den Symbolsatz von BPMN schaut:

BPMN enthält über 150 Symbole.[5]

Dieser beeindruckende Satz an Zeichen wird nicht vollständig genutzt, wenn es um eine erste Prozessaufnahme geht.

Aber einige dieser Symbole müssen doch in das Prozessdiagramm. Dafür gibt es sie schließlich, so argumentieren die Mitarbeiter:innen, die die Prozesse abbilden.

Es entsteht eine Darstellung voller Symbole und Linien.

Den Betrachter:innen ist auf den ersten Blick klar: Das muss ich mir mal in Ruhe anschauen.

Doch dafür nimmt man sich nicht die Zeit – weder das Management noch die Kolleg:innen.

Sie wollen schnell verstehen und direkt einen Mehrwert erhalten.

Die Prozessbeschreibung wird abgelegt und vergessen.

Auch wenn wir heute BPMN für Prozessbeschreibungen verwenden, die wir für Mitarbeiter:innen und das Management erstellen, gilt:

Der eigentliche Zweck von BPMN besteht darin, ein Prozessmodell in einem IT-System laufen zu lassen.

Dafür braucht es viele Symbole.

Wir Menschen dagegen brauchen weniger Symbole zum Verständnis.

---

5 https://www.omg.org/spec/BPMN/2.0.2/PDF

Wir verstehen einen Sachverhalt besser, wenn die Kernaussage schnell zu erfassen ist.

Zu viele Details verstellen unseren Blick auf die Aussage.

Es kostet uns Mühe, diese Aussage herauszuarbeiten, und diese Zeit haben wir nicht.

> **!** Zuerst müssen wir unsere Prozesse verstehen, bevor wir sie optimieren und automatisieren können.

Die Visualisierung mit BPMN ist hilfreich.

Dafür sollten wenige Symbole eingesetzt werden.

Meine Empfehlung dazu schildere ich ausführlicher in Kap. 5.4.

2.6.2 In BPMN muss ich mehrere Lanes nutzen

Ein wichtiger Bestandteil von BPMN sind Schwimmbahnen oder (aus dem Englischen eingedeutscht) Swimlanes – kurz Lanes – genannt.

In einer Swimlane wird ein Funktions- oder Verantwortungsbereich übersichtlich abgebildet.

Mehrere Swimlanes werden zusammengefasst als Pool bezeichnet.

Ähnlich wie beim großen Symbolsatz neigen Modellierende dazu, mehrere Swimlanes zu befüllen.

Es werden mehrere Swimlanes benutzt. Ob
- Bearbeitende,
- Vorgesetzte,
- Kundschaft oder
- Assistenz

– alle bekommen eine eigene Swimlane.

> **!** Alle Beteiligten in einer Prozessdarstellung durch Lanes darzustellen verstellt den Blick auf die Durchführungsverantwortung.

Die Durchführungsverantwortung ist das, was eine Prozessbeschreibung visualisieren soll.

Es ist das, was der oder die Mitarbeitende im Prozess tut.

Dies wird durch die Prozessbeschreibung veranschaulicht.

Bisher stecken diese Informationen verteilt in

- Stellenbeschreibungen,
- Arbeitsanleitungen,
- Handbüchern.

Mit einer auf die Durchführungsverantwortung fokussierten Prozessbeschreibung kann mehr Klarheit über Verantwortlichkeiten und Aufgaben geschaffen werden.

Die Entscheidungsverantwortung liegt bei dem oder der Vorgesetzten.

Sie ist durch das Organigramm festgelegt und muss nicht einzeln modelliert werden.

Eine Reduzierung der Swimlanes steigert den Erkenntnisgewinn.

Meine Empfehlungen schildere ich ausführlicher in Kap. 5.4.

2.6.3 Durch zugeklappte Prozesse verstehe ich die Prozesslandschaft

Sicher ist dir schon klar:

Wir können nicht nur einige Prozesse betrachten – wir müssen die gesamte Palette der Prozesse anschauen und deren Zusammenspiel verstehen.

Kleine Unternehmen haben viele Prozesse und große Unternehmen unüberschaubar viele.

Wie kannst du eine Übersicht über die Prozesslandschaft erlangen?

In den BPMN-Schulungen wird oft die Arbeit mit Teilprozessen empfohlen.

Diese Teilprozesse werden auch als zugeklappte Prozesse bezeichnet, weil du durch Klick auf eine kleinteiligere Prozessdarstellung kommst.[6]

Doch damit allein bekommen wir nicht ein Bild, wie alle Prozesse zusammenwirken.

Mit BPMN allein kommen wir bei dieser Herausforderung nicht weiter.

---

6 https://www.omg.org/spec/BPMN/2.0.2/PDF

> BPMN wurde entwickelt, um einzelne Prozessketten darzustellen.

Prozessketten sind wie Motive eines großen Puzzles.

Es gilt, sie zu einem Bild zusammenzulegen. Wir brauchen den Überblick über das große Ganze.

Um die gesamte Prozesslandschaft abzubilden, brauchen wir andere Formen der Visualisierung.

Meine Empfehlungen dazu schildere ich in Kap. 7.2.

2.7 Prozesse sind in gleiche Teile zu schneiden

Es gibt viele unterschiedliche Prozessmodelle. Toolhersteller, Institute und große Beratungshäuser haben eigene Modelle entwickelt.

Leider auch mit eigenen Bezeichnungen. So findet sich eine große Palette an Begrifflichkeiten wie Geschäftsprozess, Prozess, Teil- und Subprozess, Aktivität und Transaktion (Schmelzer & Sesselmann 2020, S. 227).

Begriffe und Zuschnitte werden nicht überall gleich verwendet, jede Verfasser:in hat ihre eigene Sichtweise.

Man ist sich jedoch einig:

Prozesse können in unterschiedlichen Detaillierungsgraden betrachtet werden.

Es gibt Tools zur Prozessmodellierung, die eine Orientierungshilfe anbieten, in wie viele Teile ein Prozess zu zerlegen ist.

Sie bieten eine feste Anzahl von Navigationsebenen an, beispielsweise von Ebene 1 (Übersicht) bis 4 (Detail).

In jeder Ebene kann nur *ein* Prozessdiagramm angelegt werden.

Es gibt unterschiedlich lange Prozesse.

Längere Prozesse müssen in mehr Teile zerlegt werden als kürzere, um gut lesbar zu sein.

Wie bei einem Apfel und einem Kürbis:

Wenn wir einen Apfel einmal teilen, ist er gut zu essen. Um einen großen Kürbis verarbeiten zu können, müssen wir ihn mehrfach teilen.

Wenn man große Prozesse einmal teilt, dann sind sie immer noch unübersichtlich. Es braucht also mehrere Teilungen.

> **!** Prozesse sind nicht per se in gleiche Teile zu schneiden.
> Es werden unterschiedlich viele Teilungen benötigt, um jeweils einen Prozess übersichtlich darzustellen.

Meine Empfehlungen dazu schildere ich in Kap. 3.3.5.

2.8 Prozessbeschreibung in einem Wurf

Zum Beginn meiner Berufslaufbahn habe ich die Haltung beobachtet: Wir führen ein Qualitätsmanagementsystem ein, erstellen Verfahrensbeschreibungen und sind fertig.

Später hörte ich Ähnliches. Dann hieß es: Wir führen ein Prozessmanagementsystem ein, erstellen Prozessbeschreibungen und sind fertig.

Es war immer das Bestreben, ein Managementsystem mit einer einmaligen Aktion zu meistern.

Verfahrens- oder Prozessbeschreibungen waren relativ schnell auf dem Papier. Doch es ist klar:

> **!** Eine vollständige und korrekte Prozessbeschreibung kann nicht in einem großen Wurf erstellt werden.

Der große Wurf wird regelmäßig vereitelt.

Unsere Unternehmen sind viel zu komplex geworden. Sie sind nicht mehr mit einem Mal zu überschauen.

Es sind so viele Daten zum Prozess zusammenzutragen, wie
- Verantwortlichkeiten,
- Aufgaben,
- Entscheidungsgrundlagen,
- Anweisungen,
- detaillierte Regelungen,
- Begriffe,
- IT-Daten,

existieren.

Das alles ist nicht auf einmal zu erfassen.

Man braucht dafür mehrere Durchgänge.

Insbesondere auch, um die Prozesse
- einheitlich,
- vollständig und
- korrekt

darzustellen.

Auf diese Empfehlungen gehe ich in Kap. 12.4 ein.

2.9 Ich kann eine detaillierte Übersicht erstellen

Wir möchten unsere Prozesse im Detail kennen, aber auch alle Prozesse überblicken.

Zu Recht.

Ganz häufig sehe ich etwas wie in Abb. 2. Ich sage dazu »Kästchenexplosion«.

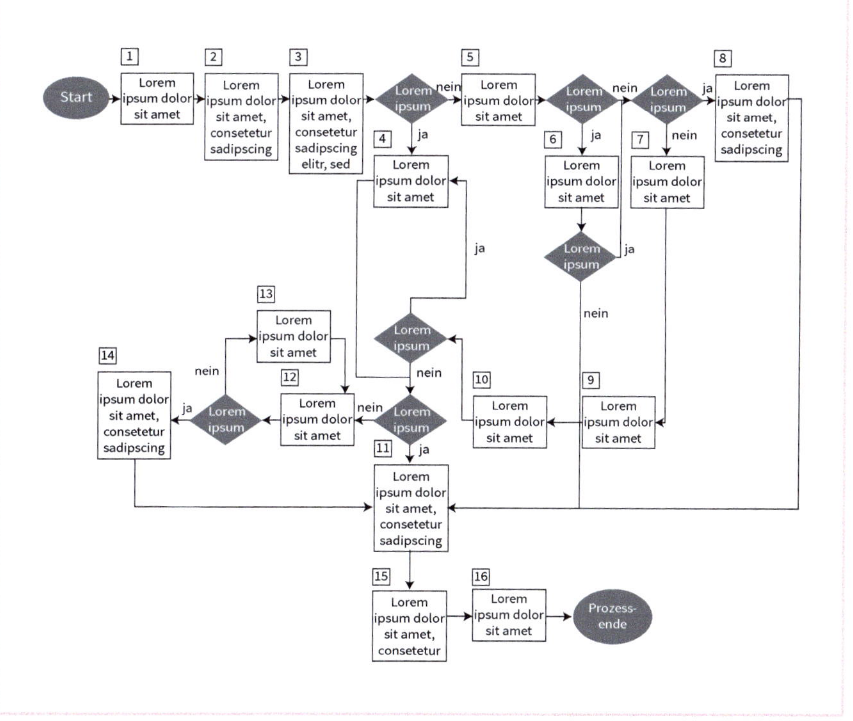

Abb. 2: Kästchenexplosion

Ein anstrengendes Durcheinander von Kästchen.

Es ist das Bemühen, eine detaillierte Übersicht zu schaffen.

Auf einem Blatt.

Doch auf einem Blatt geht das nicht.

> **!** Entweder ist eine Darstellung detailliert,
> oder eine Darstellung ist übersichtlich.

Wenn du dir diesen Stolperstein verdeutlichst, dann ist das schon der halbe Weg zur Lösung.

Natürlich brauchen wir eine Übersicht, wie die Prozesse durch das Unternehmen laufen.

Und wir brauchen Regelungen im Detail.

Das darf auch mehr Platz beanspruchen, als ein DIN-A4-Blatt bietet.

Wir können sogar gleich eine digitale Lösung anstreben.

Welches hervorragende Beispiel wir hier zurate ziehen können, erläutere ich in Kap. 4.2.

2.10 Jede Abteilung dokumentiert die eigenen Prozesse

Ich sehe oftmals, dass Unternehmen die Anwendung von BPMN schulen. Im Anschluss sollen die Abteilungen eigenständig ihre Prozesse dokumentieren.

So wird jede Organisationseinheit für sich aktiv. Es entwickelt sich eine eigene Art und Weise der Prozessdarstellung, eine eigene Handschrift.

Es entstehen Prozessmodellierungen mit mehr oder weniger unterschiedlichen Zuschnitten, Begriffen, Textlängen und Detaillierungsgraden.

Auch mit Designvorgabe und einem reduzierten Symbolsatz ist dieses Phänomen nicht gänzlich zu verhindern.

Zunächst ist das nicht schlimm.

Erst wenn du mehr und mehr Prozesse des Unternehmens im Zusammenhang zeigen möchtest, wirst du sehen:

Das passt nicht.

Es wird dir so ergehen, als wolltest du ein Puzzle aus Kreisen, Rechtecken und Dreiecken zusammensetzen. Die Teile passen nicht zueinander.

Sie lassen sich nicht zu einem Puzzlebild zusammensetzen.

> **!** Prozesse müssen gleich dargestellt werden.
> Nur so lassen sie sich zu einem Gesamtbild zusammensetzen, das zeigt, wie alle Prozesse zusammenwirken.

In Kap. 12.5 widme ich mich dieser Thematik.

2.11 Prozesse identifiziere ich in der Prozessanalyse

Einer der größten Irrtümer ist:

Ich finde die Prozesse meines Unternehmens, wenn ich sie schriftlich abgebildet habe.

Um zu erfahren, welche Prozesse es im Unternehmen gibt, nimmt man viel Aufwand auf sich:

- Man befragt die Führungskräfte.
- Man macht Workshops.
- Man führt Interviews.
- Man lässt Prozess-Steckbriefe ausfüllen.

Trotz eifriger Dokumentation werden die Prozesse des Unternehmens nicht greifbar.

Es stellt sich kein Aha-Effekt ein.

Es ist so, als wenn man nach einem Muster sucht, ohne zu wissen, wie es aussieht.

Man hofft, es bei der Suche zu erkennen.

Doch dies ist schwierig. Selbst für Fachleute.

> **!** Beginne mit dem richtigen Prozessverständnis, **bevor** du Prozesse identifizieren und visualisieren willst.

3 Das ist ein Geschäftsprozess

3.1 Neustart des Prozessmanagements

Ein neuer Anlauf, die eigenen Prozesse zu verstehen, sollte beim Prozessbegriff beginnen.

Die kniffligen Fragen, die mir meine Leser:innen gestellt haben, sind zu beantworten.

Du solltest eine gute Antwort haben auf die Frage:

Was ist ein Prozess?

Wenn du eine konkrete Vorstellung hast, kannst du die Prozesse deines Unternehmens identifizieren.

Diese identifizierten Prozesse kannst du jeweils in einer Prozessbeschreibung »sichtbar« machen.

Durch das Sichtbarmachen schaffst du die Voraussetzung für die Mitarbeiter:innen und das Management, die Prozesse besser zu machen.

In der Prozessbeschreibung zeigst du für sie konkret,
- von wo bis wo ein Prozess geht und
- was im Prozess passiert.

Nicht zu detailliert.

Wir müssen schnell begreifen können, worum es geht.

Je mehr Details den Blick auf den Kern verstellen, desto weniger verstehen wir ihn.

Eine Prozessbeschreibung sollte zweierlei für uns tun:
- die wichtigsten Punkte herauskristallisieren und
- diese schnell erkennbar darstellen.

Die Details, wie etwas genau gemacht wird, unterschlagen wir nicht. Wir trennen sie nur vom Kern der Bearbeitung, den wir in der Prozessbeschreibung darstellen. Doch mit einem Prozess – einer Prozessbeschreibung – ist es nicht getan.

Wir brauchen die Sicht auf das große Ganze.

Statt von Abteilung zu Abteilung oder von Bereich zu Bereich zu schauen, sollten wir das gesamte Bild der Unternehmensprozesse erfassen.

> **!** Wenn wir verstehen, wie wir im Unternehmen zusammenarbeiten, verstehen wir auch, wie wir das Unternehmen besser machen können.

Es gilt, den Lauf der Prozesse durch das Unternehmen zu verstehen, die Aufmerksamkeit auf die Zusammenarbeit der Unternehmenseinheiten zu richten.

Das bedeutet: Wir sollten
- die gewohnte Perspektive des Organigramms verlassen und stattdessen
- den Prozessfluss verfolgen.

Gehen wir dem Geschäftsprozess im nächsten Abschnitt genauer nach.

3.2 Wo sind die Prozesse?

Die Prozesse sind an einem Ort, wo sie niemand vermutet.

Du kennst diesen Ort.

Du hast oft darauf geschaut…

und doch hast du dort nie Prozesse gesehen.

Die Prozesse sind eingepackt – in Kästchen.

Auf den Kästchen stehen Bezeichnungen wie Außendienst, Innendienst, Einkauf…

Na klar! Es ist das Organigramm.

Im Organigramm sind die Prozesse versteckt.

Also nicht mit Absicht versteckt, eher dort vergessen.

Warum?

Das schauen wir uns jetzt an.

3.2.1 Das Organigramm verstehen

Das Organigramm ist das Modell der Aufbauorganisation.

Es zeigt, wie wir uns die Arbeit geteilt haben.

Das war nicht immer so:

Vor der industriellen Revolution wurde alles von Anfang bis Ende aus einer Hand gemacht.

So wie ein Schuster damals. Er schnitzte die Leisten, kaufte das Leder, nähte den Schuh und verkaufte dann.

Um 1850 änderte sich das.

Die zweite industrielle Revolution begann.

Die Arbeitsteilung wurde »entdeckt«.

Arbeitsteilung bedeutet:

Wir haben spezialisierte Gruppen von Menschen gebildet, die sich jeweils nur beschäftigen mit
- Verkaufen,
- Einkaufen,
- Produzieren,
- Ausliefern,
- ...

War es vorher nur eine Person, die ein Paar Schuhe von A bis Z fertigte – sind nun viele Leute daran beteiligt.

Jede Person macht nur noch einen Teil für das große Ganze.

3.2.2 Schlüssel: Arbeitsteilung

Diese Teile stecken in den Kästchen – in den Abteilungen.

Gebildet wurden die Abteilungen nach der Art der Arbeit, wie Einkauf, Verkauf, Produktion, Logistik…

Das machen wir mit dem Organigramm sichtbar (Abb. 3).

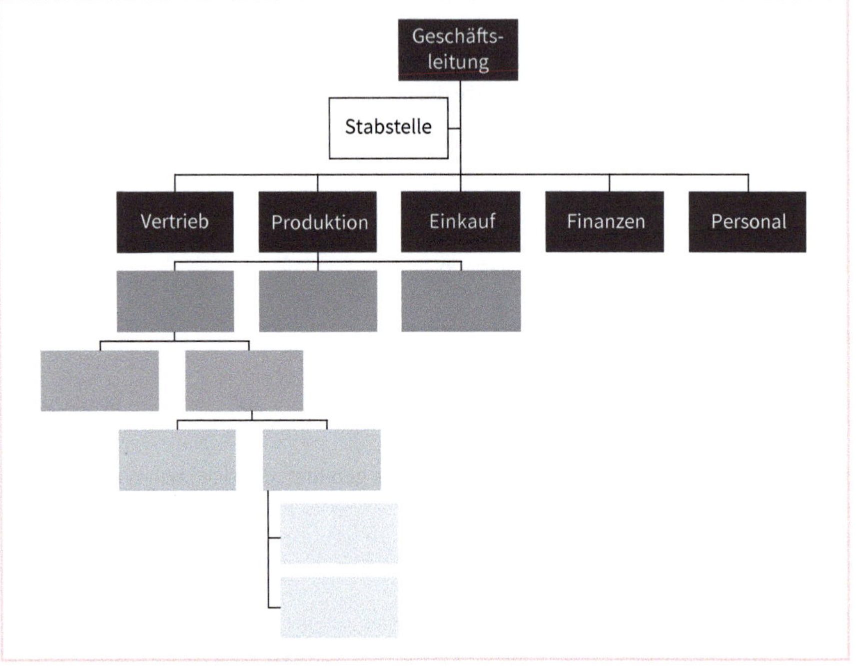

Abb. 3: Organigramm – funktionale Sicht

Und wo sind die Prozesse?

In den Abteilungen.

Jede Abteilung trägt einen Teil zum großen Ganzen bei.

Jede Abteilung erstellt ein bestimmtes Arbeitsergebnis.

Das Arbeitsergebnis wird zur nächsten Abteilung gereicht.

Dort wird es weiterbearbeitet und wieder zur nächsten Abteilung gereicht.

Am Schluss kommt das verkäufliche Produkt oder der Service heraus.

Der Schlüssel zum Verständnis von Prozessen:
die **Arbeitsteilung**.

Die Arbeitsteilung führt uns in das Organigramm, in das Bild, welche Abteilungen an der Schaffung unserer Produkte oder Dienstleistungen beteiligt sind.

Jede Abteilung hat das Ziel, ein Abteilungsergebnis zu erzeugen. Und **wie** das gemacht wird, kann man als Prozess beschreiben.

Das **Prozessergebnis** ist gleich dem Abteilungsergebnis.

Oder anders formuliert:

Ein Prozess beschreibt, wie das Ergebnis einer Abteilung erstellt wird.

3.2.3 Erste Antwort auf die kniffligen Fragen

Jetzt haben wir eine der kniffligen Fragen beantwortet.

Es ist die Antwort auf die Frage: Von wo bis wo geht ein Prozess?

Der Zuschnitt eines Prozesses wird durch die Arbeitsteilung bestimmt.

Jede Abteilung hat einen Teil der Arbeitsleistung am großen Ganzen für das Unternehmen zu erbringen.

Diesen Teil können wir als Prozess betrachten.

Der Vorteil: Prozesse werden leicht auffindbar.

Jede Abteilung hat Prozesse.

Über das Organigramm finden wir die Abteilungen. Mit der Frage nach dem Abteilungsergebnis finden wir den Prozess.

Damit haben wir eine gut greifbare Referenz.

Die Referenz ist der Zuschnitt des Prozesses auf ein Abteilungsergebnis.

3

Diese Referenz ist hilfreich.

Mehr als das – sie ist sogar notwendig.

Die Referenz ist der Kern meines Prozessmodells. Ich stelle sie dir in Kap. 4 vor.

3.3 Wie ist der Begriff Geschäftsprozess zu definieren?

3.3.1 Zweite Antwort auf die kniffligen Fragen

Die Hauptfrage ist: Was ist ein Prozess?

Um dir eine gute Antwort geben zu können, muss ich präzisieren.

Die Antwort erfordert die Betrachtung aus dem Modell heraus, wie das Unternehmen fachlich in Organisationseinheiten strukturiert ist.

Deshalb konkretisiere ich die Frage: Was ist ein Geschäftsprozess?

Ich bevorzuge diese Definition:

> **Definition**
> Ein **Geschäftsprozess** ist eine *sich wiederholende Abfolge* von Tätigkeiten in einer Abteilung (einer Organisationseinheit) zur Erzeugung eines Ergebnisses. Diese Abfolge ist *mit unterschiedlichem Detaillierungsgrad* darstellbar.

3.3.2 Warum eine »sich wiederholende Abfolge«?

Projekte, wie etwa die »Umstellung auf SAP HANA« oder der »Umzug in ein neues Firmengebäude«, gehören bestimmt auch zu deinem Arbeitsalltag.

Projekte – im klassischen Sinne – sind einmalige Vorhaben (Vahrs 2019, S. 93).

Sie sind mit Erreichung des Zieles erledigt.

Prozesse kennzeichnet die ständige Wiederholung.

Das sollten wir im Hinterkopf haben.

Damit nicht versehentlich ein Projekt auf der Liste der Prozesse erscheint.

3.3.3 Warum »mit unterschiedlichem Detaillierungsgrad«?

Lass uns das gemeinsam erkunden.

Begib dich mit mir gedanklich in die Abteilung Außendienst.

Der Außendienst geht zur Kundschaft und verkauft die Produkte des Unternehmens.

Ein Ergebnis seiner Arbeit ist das Angebot.

Machen wir dort eine Prozessaufnahme.

Lassen wir uns den Prozess »Angebot erstellen« erklären.

Der oder die Mitarbeitende gibt uns diese Stichworte:
- Beratungsgespräch
- Angebot ausarbeiten und versenden
- Angebot angenommen?
- Wenn ja: Auftrag bestätigen
- Wenn nein: ...

Ich habe viele Aufnahmen am Arbeitsplatz gemacht.

Ganz realistisch ist die Darstellung nicht.

Viele meiner Gesprächspartner:innen sind detaillierter geworden.

Sie führten eifrig aus:

Um ein *Angebot auszuarbeiten*, mache ich dies:
- Kundendaten eingeben,
- Angebotsdaten eintragen,
- Angebotstext formulieren,
- Angebot ausdrucken.

Einige wurden noch detaillierter (Abb. 4).

»Kundendaten eingeben« bedeutet:
- Prüfen, ob Kundendaten vorhanden sind.
- Wenn ja: Überprüfen, ob sie aktuell und vollständig sind.
- Wenn nein: Kundendaten eingeben.

Die erste Aufzählung hat nur die wesentlichen Arbeitsschritte enthalten, während die dritte und letzte jeden Handschlag auflistet.

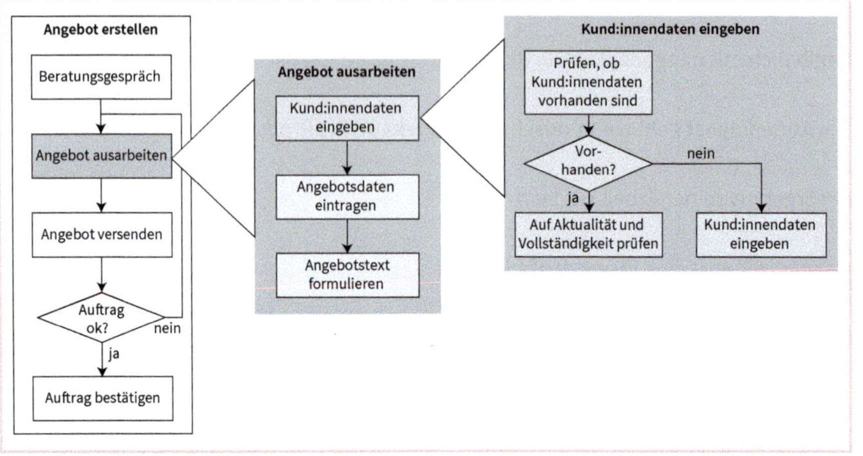

Abb. 4: Unterschiedliche Detaillierungsgrade eines Prozesses

Was ist richtig?

Wie detailliert sollte ein Prozess betrachtet werden?

Wir Menschen wollen verstehen, wie es abläuft.

Dafür reichen die groben Arbeitsschritte, die ich in der ersten Auflistung verwendet habe:

- Beratungsgespräch
- Angebot ausarbeiten und versenden
- Angebot angenommen?
- Wenn ja: Auftrag bestätigen
- Wenn nein: …

Diese grobe Aufzählung reicht.

Sie sollte nicht so viele Details enthalten.

Details lenken nur ab.

Zu viel Text, zu viele Kästchen verbauen den Weg zur Erkenntnis, wie es abläuft.

Von der ersten groben Aufzählung aus können Prozesse noch eingehender untersucht werden:

Die Ausführungen aus dem Beispiel Außendienst

- »Angebot erstellen« und
- »Kundendaten eingeben«

können bis zum Handschlag – einer Handlung – weiter nachverfolgt werden.

Prozesse können in unterschiedlichen Detaillierungsgraden betrachtet werden.

3.3.4 Dritte Antwort auf die kniffligen Fragen

Die dritte knifflige Frage lautet:

Wie detailliert sollte ein Prozess betrachtet werden?

Die Antwort:

Ein Prozess ist in unterschiedlichen Detaillierungsgraden darstellbar.

Jedoch ist eine genaue Aufgliederung nicht immer erforderlich.

Die erste Auflistung meines eingangs erwähnten Beispiels aus Abb. 4 ist hingegen immer notwendig, um Folgendes zu verstehen:

Wie – durch welche Prozessschritte – wird das Abteilungsergebnis erzeugt (Abb. 5)?

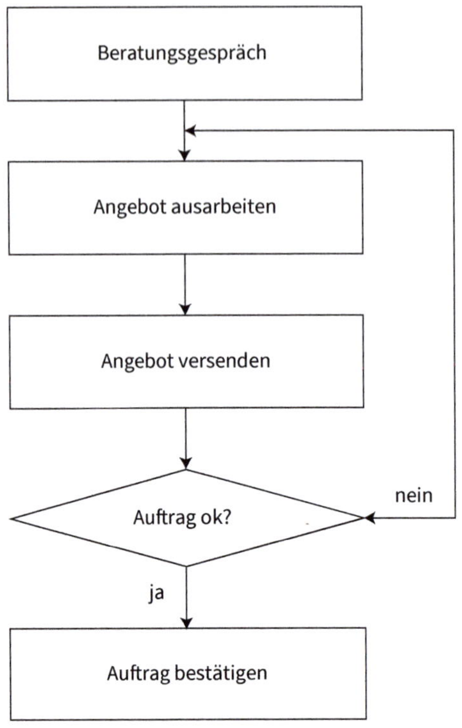

Abb. 5: Prozessschritte in einer Prozessbeschreibung

> **!** Eine Prozessbeschreibung muss die Bearbeitungsschritte enthalten, mit denen wir verstehen, **wie** das Prozessergebnis erarbeitet wird.
>
> Mehr nicht.

Es können mehr Informationen als nur die Bearbeitungsschritte notwendig und sinnvoll sein.

Doch sollten detailliertere Informationen von der Prozessdarstellung getrennt werden.

Nur so erreichst du, dass die Prozessdarstellung leicht zu verstehen ist.

Du fokussierst dich in der Prozessbeschreibung auf die wesentlichen Bearbeitungsschritte.

Weniger wichtige Informationen werden an anderer Stelle ausgeführt.

Ich nenne dies die **Ameisenperspektive**, weil diese detaillierte Betrachtung so bodennah ist.

Ich habe dir gezeigt: Geschäftsprozess und zugehörige Detailausführungen – die Ameisenperspektive – sind getrennt darstellbar.

Außerdem ist es möglich, aus einer höheren Warte auf Prozesse zu schauen: aus der Vogelperspektive (Kap. 7).

3.3.5 Betrachtungsebenen

Um Prozesse zu verstehen, sollten wir sie in unterschiedlichen Detaillierungsgraden betrachten.

Wenn es um Prozesse geht, wollen wir wissen,
- wie das Unternehmen funktioniert;
- wie die Abteilungen einander zuarbeiten;
- wie eine Abteilung ihr Abteilungsergebnis erzeugt;
- wie die Bearbeitung im Detail funktioniert.

Es gibt vier unterschiedliche Betrachtungsebenen, doch alle benennen wir als Prozess.

> **!** Um mehr Klarheit über Geschäftsprozesse zu erlangen, müssen wir die Betrachtungsebenen begrifflich unterscheiden.

Wir brauchen sowohl eine gute Definition des Prozesses als auch Klarheit über die Detaillierungsgrade.

Zusätzlich zur Definition des Prozesses ist ein Modell erforderlich.

Mit meinem Prozessmodell können wir die Detaillierungsgrade der Prozessbetrachtung unterscheiden.

Und mit eindeutigen Begriffen verbal präzise vom Prozess trennen.

3.3.6 Prozesse greifbar machen – mit einem Modell

Mit Modellen bilden wir die Realität ab – jedoch nur bestimmte Aspekte.

Wir fokussieren die Aufmerksamkeit auf bestimmte Fakten, um die Realität besser zu verstehen.

Prozesse – das, was wir tun – sind für uns selbstverständliche Tätigkeiten.

Doch unsichtbar.

Nicht greifbar.

Wir brauchen eine formbare Masse, bevor wir etwas zielgerichtet und in großem Umfang verändern können.

Wir müssen die Realität in etwas verwandeln, was wir Menschen sehen können.

Wir brauchen ein Modell der Prozesse.

Ein gutes Modell ist wie ein Kescher, mit dem du Fische fangen kannst.

Mit einem Prozessmodell solltest du Prozesse gut einfangen können.

Das Modell, das wir für die Prozessbetrachtung brauchen, muss mehrere Betrachtungsebenen enthalten. Nur so können wir sowohl eine Übersicht über Prozesse als auch Details zu einzelnen Prozessen darstellen.

Ich habe es Giersberg-Prozessmodell genannt und stelle es dir in Kap. 4 vor.

3.3.7 So bin ich zu meinem Prozessmodell gekommen

Das Prozessmodell habe ich entwickelt, um meinen Kund:innen zu helfen.

Das war notwendig, nachdem ich meine Arbeitsweise umgestellt hatte.

Bis vor ein paar Jahren arbeitete ich als klassische Beraterin und gab dann diese Tätigkeit auf.

Seitdem bin ich nicht mehr vor Ort im Unternehmen tätig.

Ich nehme nicht mehr selbst die Prozesse auf, leite keine Workshops mehr und mache auch keine Audits.

Doch dem Prozessmanagement bin ich treu geblieben.

Seit ein paar Jahren coache ich meine Kund:innen, wie sie ihre Prozesse eigenständig aufnehmen und optimieren.

Genau dieses »Selber-machen-Lassen« fehlte in meiner bisherigen Vorgehensweise als klassische Beraterin.

Ich hatte selbst alles für meine Kund:innen erledigt.

Das hatte einen entscheidenden Nachteil:

Die Mitarbeiter:innen konnten sich nicht selbst umfassende Fähigkeiten der Prozessbetrachtung und Prozessoptimierung aneignen.

Ja, es gab Schulungen.

Doch eine Schulung zum Prozessmanagement ist genauso wenig hilfreich wie eine kurze Erklärung, wie schwimmen geht, bevor Nichtschwimmer:innen ins tiefe Wasser gehen sollen.

Es fehlten
- das praktische Üben unter Anleitung,
- die ersten eigenen Schwimmversuche im flachen Wasser,
- die eigene Bestätigung im tiefen Wasser des Schwimmbades,
- bevor man sich in die unberechenbaren Wellen des Meeres begibt.

Deshalb habe ich meine Vorgehensweise umgestellt.

Heute leite ich meine Kund:innen an, wie sie eigenständig ihr Prozessmanagement aufbauen.

Seitdem verstehe ich die kniffligen Fragen besser.

Ich hatte den Engpass gesehen und konnte auch nach eingehender Literaturrecherche keine guten Antworten geben.

Das war die Geburtsstunde meines Giersberg-Prozessmodells.

Meine Kund:innen haben es als sehr hilfreich empfunden.

Ich habe es vielfach eingesetzt, und jedes Feedback ist in mein Modell eingeflossen und hat es nachgeschärft.

Es hat mehrfach den Härtetest bestanden, da ich mich mittlerweile auf das Coaching großer Unternehmen spezialisiert habe.

Mit dem Giersberg-Prozessmodell können die Geschäftsprozesse – auch großer Unternehmensgruppen – einfach und präzise abgebildet werden.

3.3.8 Wende mein Modell an!

Viele Initiativen, die eigenen Prozesse zu verstehen, bleiben stecken.

Ich bin überzeugt:

Es liegt auch daran, dass uns eine gute Definition des Geschäftsprozesses und ein präzises Prozessmodell fehlen.

Das Prozessverständnis ist die Eingangstür zur Prozesswelt.

Das in der Fachliteratur häufig monierte Problem der Prozessidentifikation (Gaitanides 2007, S. 55) kann mit meinem Modell gelöst werden.

Das hat mich dazu bewogen, das Modell in diesem Buch zu erläutern und dir zugänglich zu machen.

Mein Prozessmodell stelle ich dir im Downloadbereich meines Blogs zur Verfügung: https://prozessoptimierung-sprung.de/prozessmodell.

Mit dem auf dieser Seite genannten Nutzungsbedingungen, kannst du mein Giersberg-Prozessmodell für deine Arbeit anwenden.

4 Giersberg-Prozessmodell

Es gibt bereits Modelle von Prozessen (Schmelzer & Sesselmann 2020, S. 96, 227, 260). Sie werden auch Prozessaufbaustruktur, Prozesshierarchie oder Prozesspyramide genannt.

Mit diesen Modellen werden Prozesse gut dargestellt. Auf dem Papier.

In der Praxis sind Zuschnitt und Detaillierungsgrad von Prozessen jedoch nicht greifbar.

Allen diesen Modellen fehlt etwas: die Referenz.

Eine Referenz, auf die sich die Prozesse beziehen.

Etwas, wodurch ein gleicher Zuschnitt – ein gleiches Verständnis, was ein Prozess ist – erreicht wird.

> ! Die Referenz ist für eine einheitliche Prozesssystematik unabdingbar.

4.1 Kern meines Prozessmodells – die Referenz

Was ist diese Referenz?

> Die Referenz meines Modells ist der Zuschnitt **eines** Prozesses auf **einen** Output **einer** Abteilung.

Die Referenz ergibt aus zwei Gründen Sinn:

1. Sie ist organisationstheoretisch gut zu erklären:
   - Ein Synonym für Prozess ist Ablauf. Das Wort steckt in der Bezeichnung Ablauforganisation.
   - Der Begriff wurde in den 1930er-Jahren geprägt. Fritz Nordsieck thematisierte die Gestaltung von Unternehmen (Gaitanides 2007, S. 7). Daraus entwickelte sich ein wichtiger Teil der klassischen Organisationslehre.
   - Bei der theoretischen Konstruktion der Unternehmen wurde die Gesamtaufgabe mittels Aufgabenanalyse und -synthese (Vahrs 2019, S. 58) aufgeteilt, und dabei wurden die Abteilungen gebildet.
   - Damit kann man die Abläufe einer Abteilung gut von denen einer anderen abgrenzen.
   - Der Zuschnitt eines Prozesses wird deutlich.

In Kap. 3.2 habe ich die Entstehung der Geschäftsprozesse erklärt, so wie wir sie heute kennen.

2. Für Mitarbeiter:innen sind Prozesse mit dieser Referenz gut greifbar.
   - In meinen über hundert Prozessprojekten habe ich regelmäßig erlebt, dass Mitarbeiter:innen die Abläufe, mit denen sie täglich zu tun haben, als ihre Prozesse ansehen.

4.2 Von der Bezugsebene in die Übersicht oder ins Detail

Mit der Referenz ist der Zuschnitt der Prozesse gleich.

Das macht es möglich, Prozesse aneinanderzureihen.

Wie bei einem riesigen Puzzle können Prozesse zu Prozessketten zusammengesetzt werden. Das ganze Bild wird sichtbar.

Der Lohn der Mühe ist die Erkenntnis: So läuft das bei uns im Unternehmen!

Durch den gleichen Zuschnitt der Prozesse wird eine Bezugsebene für die Prozessbetrachtung geschaffen (Abb. 6).

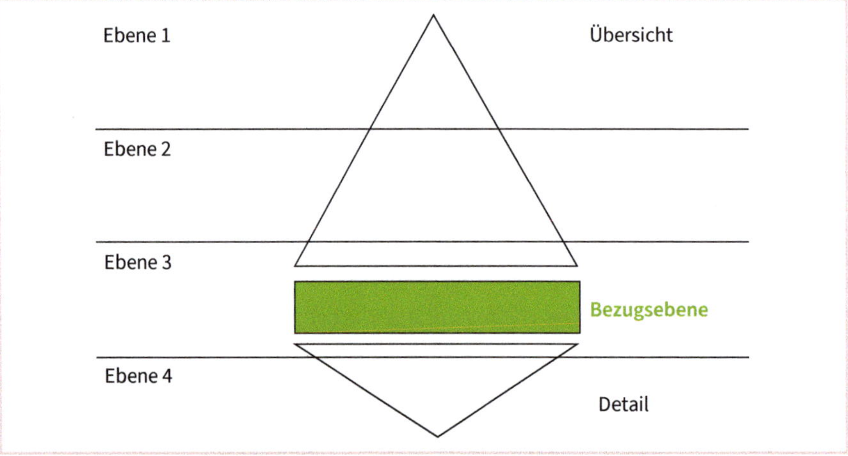

Abb. 6: Ebene 3 – Bezugsebene Prozess

Von der Bezugsebene ausgehend, können wir Prozesse abstrakter betrachten.

Wir verstehen,

- wie die Abteilungen einander zuarbeiten,
- wie das Unternehmen funktioniert.

Von der Bezugsebene ausgehend, können wir Prozesse auch detaillierter betrachten.

So wird der Blick auf das Wesentliche nicht von Detailinformationen verstellt.

Die große Masse an Details kann aus der Prozessbeschreibung herausgehalten werden.

Der Lohn ist eine sympathische Prozessdarstellung, die man gern anschaut.

Von der Bezugsebene aus kommen wir einerseits in die Übersicht. Und andererseits ins Detail.

Mit der Systematik des Giersberg-Prozessmodells haben wir einen roten Faden, der uns durch alle Betrachtungsebenen leitet.

Ebene 1 ist die *Prozesslandkarte*.

Die Prozesslandkarte ist die Betrachtungsperspektive des gesamten Unternehmens. Sie visualisiert die gesamte Prozesslandschaft und benennt die wichtigsten Prozessketten.

Ebene 2 stellt *Prozessketten* konkret dar.

In Prozessketten wird die Zusammenarbeit der Abteilungen zur Schaffung eines Wertes in chronologischer Folge visualisiert.

Ebene 3 enthält die *Geschäftsprozesse*.

In Prozessbeschreibungen wird dargestellt, wie das Abteilungsergebnis in einem Geschäftsprozess durch die Folge von Prozessschritten erarbeitet wird.

Ebene 4 beinhaltet *weiterführende Regelungen*.

Die vielen zu einem Prozessschritt gehörenden Informationen werden auf Ebene 4 hinterlegt. Das sind Anweisungen, Anleitungen sowie Angaben, die für andere Sichten auf den Prozessschritt benötigt werden. Sie können in zweckdienlicher Form hinterlegt werden.

4

4.3 Verbindungen zwischen den Ebenen

Alle Ebene sind miteinander verbunden.

So wie in Google Maps.

Hier kann ich mich von der Deutschlandkarte auf eine Karte vom Bundesland Berlin bis hinunter auf den Alexanderplatz zoomen.

Auch in meinem Prozessmodell zoomen wir

- von der Übersicht – der Prozesslandkarte
- über die Zwischenebenen – die Prozessketten –
- in die Bezugsebene – den Prozess –
- in die Ebene der Detailregelungen zum Prozess.

Die **Verbindungen** habe ich im Modell mit grauen Dreieckspfeilen gekennzeichnet.

Die Verbindungen machen deutlich,

- von wo aus man in die Übersicht gelangt und
- wie in die kleinteilige Betrachtung.

Später wirst du die Verbindungen im darstellenden IT-Systems als Verlinkungen nutzen.

Ich habe den Umgang mit den Ebenen meines Prozessmodells am Beispiel von Google Maps – einem elektronischen Verfahren – geschildert.

Ich benutze das Wort Prozessabbildung und nicht den Begriff Prozessdokumente. Denn wir wollen keine Dokumente im Sinne von papiergebundenen Ausdrucken erstellen, sondern nutzen Abbildungen in IT-Systemen.

Schauen wir uns jetzt die Inhalte des Prozessmodells genauer an (Abb. 7):

Ich erläutere Ebene für Ebene, wie sich die Prozessbetrachtung im Detaillierungsgrad unterscheidet.

4.4 Grafisches Prozessmodell

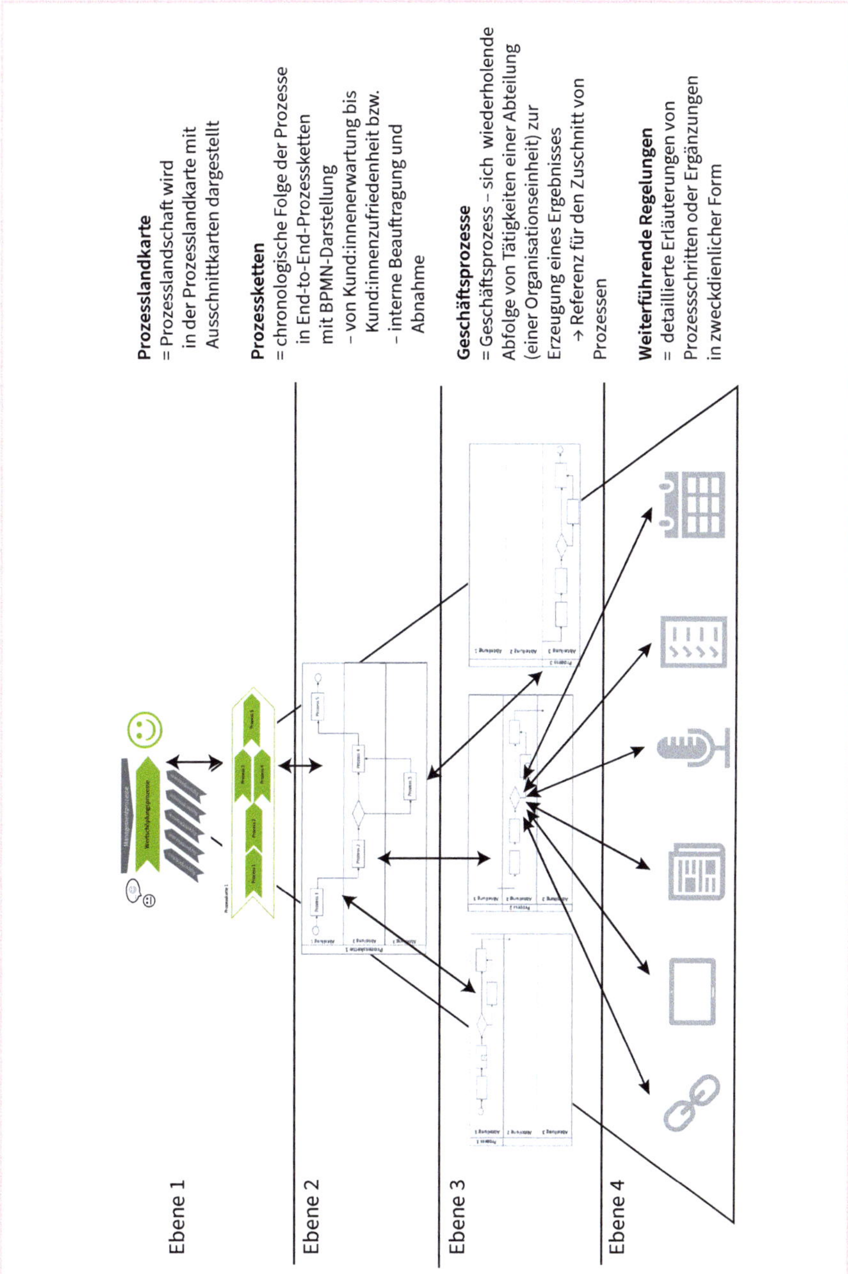

Abb. 7: Giersberg-Prozessmodell: Prozessmodell zur verständlichen Abbildung von Geschäftsprozessen für Mitarbeiter:innen und Management

Das Modell kannst du hier einsehen: https://prozessoptimierung-sprung.de/prozessmodell.

5 Ebene 3 – Geschäftsprozesse

Die Ebene 3 meines Modells steht für die Geschäftsprozesse, kurz Prozesse genannt.

Ich starte auf Ebene 3, weil das unser fester Bezugspunkt ist. In Ebene 3 stecken unsere Prozesse.

Kern eines handhabbaren Prozessbegriffs ist der feste Bezugspunkt.

Um die Prozesse zu finden, müssen wir uns mit dem Organigramm beschäftigen.

Abb. 8 zeigt beispielhaft das Organigramm eines mittelständischen Unternehmens. Es ist ein Nahverkehrsbetrieb mit 300 Mitarbeiter:innen.

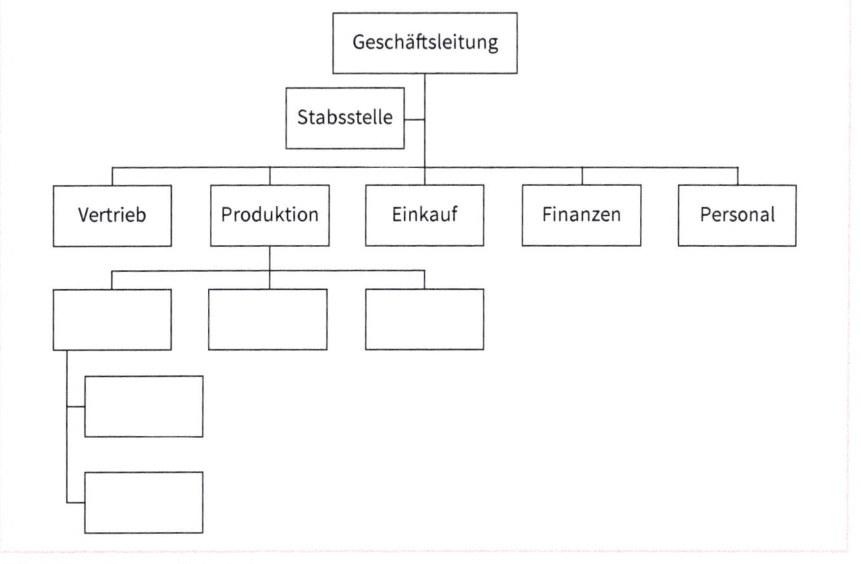

Abb. 8: Organigramm (Beispiel)

Die Arbeitsteilung ist klassisch. Es wurden die Bereiche Vertrieb über Produktion bis Personal gebildet.

Wir betrachten den Bereich Instandhaltung.

Dieser ist ein Teilbereich im Strang »Produktion«.

In der Instandhaltung arbeiten Techniker:innen. Jedoch sind die Tätigkeitsfelder und die Ausbildungen von Elektro und Mechanik komplett voneinander getrennt. Auch heute noch, wenn es um klassische Anlagen geht. Deshalb ist der Bereich Instandhaltung nochmals in die spezialisierten Einheiten E-Technik für Elektrotechnik und M-Technik für mechanische Technik gesplittet.

Im Bereich Instandhaltung wurden zwei Abteilungen gebildet (Abb. 9):

- E-Technik
- M-Technik

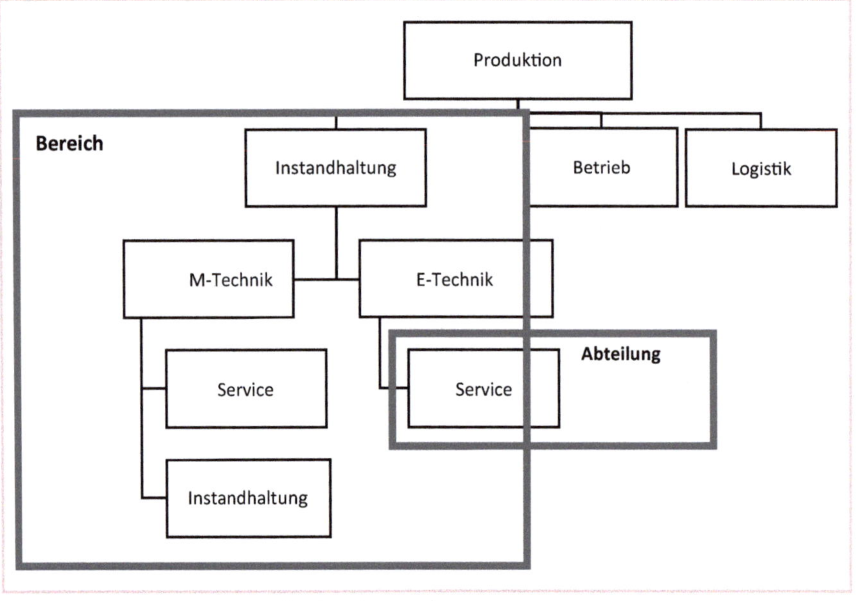

Abb. 9: Vergleich von Bereich und Abteilung im Organigramm

Damit haben wir die unterste Ebene des Organigramms erreicht.

Hier laufen die ausführenden Prozesse. So wie beispielsweise in der Werkstatt der M-Technik.

Die Werkstatt der M-Technik ist eine Abteilung.

> **Definition**
> Eine **Abteilung** ist eine Organisationseinheit, die Stellen unter einer Leitung zusammenfasst.
> Eine Abteilung erzeugt mindestens ein Ergebnis.
>
> Eine **Stelle** bündelt gleichartige Aufgaben. Von einer Stelle werden immer ähnliche Tätigkeiten durchgeführt.
> Stellen lassen sich Personen direkt zuordnen.
> Stellen sind die kleinsten Organisationseinheiten im Organigramm. Mehrere Stellen werden zu einer Abteilung zusammengefasst.

Wir verlassen das Organigramm.

Nun geht es darum, **wie** in dem Kästchen – in der Abteilung – gearbeitet wird.

5.1 Wo ist das Ende des Geschäftsprozesses?

Um das herauszufinden, fragen wir:

Was ist das Ergebnis der Arbeit dieser Abteilung?

Oder: Warum gibt es diese Abteilung?

Antwort:

Die M-Werkstatt hat die Aufgabe, dass die Geräte des Nahverkehrsunternehmens zuverlässig funktionieren.

Was machen die Mitarbeiter:innen, um das Abteilungsergebnis zu erreichen?

Antwort:

Die Mitarbeiter:innen warten Geräte.

Und sie reparieren diese Geräte.

Das sind die beiden Tätigkeiten, die den Arbeitsalltag der Mitarbeiter:innen der M-Werkstatt ausmachen. Diese können wir als Prozess »Geräte warten und reparieren« formulieren.

Nun haben wir das Abteilungsergebnis – funktionierende Geräte – und die dafür notwendigen Tätigkeiten Wartung und Reparatur identifiziert.

Wir können uns noch überlegen, ob die Abläufe von Wartung und Reparatur die gleichen sind. Und wir wissen: Nein, das sind nicht die gleichen Abläufe. Jeder Autobesitzer kennt das: Wartung und Reparatur sind unterschiedliche Aufgaben.

Wenn ein Gerät zu warten ist, dann ist ein Zeitintervall abgelaufen. Der Techniker oder die Technikerin schaut im Gerät verschiedene Teile an und prüft deren Funktion. Gegebenenfalls sind Verschleißteile des Gerätes auszuwechseln.

Wenn ein Gerät zu reparieren ist, muss erst ein Fehler gesucht werden. Ist der gefunden, kann das Gerät instandgesetzt werden.

Deshalb beschreibe ich zwei Prozesse und tituliere sie wie in Abb. 10.

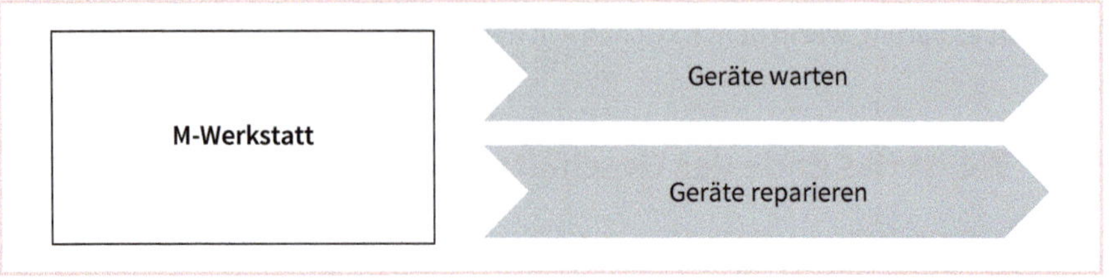

Abb. 10: Prozesse der Mitarbeiter:innen der M-Werkstatt

Detaillierter wollen wir jetzt nicht schauen.

Wir möchten nur Klarheit darüber erlangen, welche Prozesse es in der Werkstatt gibt.

Durch die Beantwortung der Frage nach dem Output der Abteilung haben wir erfassen können, welche Prozesse es gibt.

Fragen wir weiter:

5.2 Wo ist der Anfang des Geschäftsprozesses?

Der Anfang des Geschäftsprozesses ist nicht so einfach zu ermitteln.

Dafür brauchen wir die Information, welches Ereignis den Prozess auslöst.

Diese bekommen wir, wenn wir die Mitarbeiter:innen befragen.

Oder dann, wenn wir bereits den Output des chronologisch vorangegangenen Prozesses der zuarbeitenden Abteilung kennen. Wie wir das herausfinden, erläutere ich auf Ebene 2 (Kap. 6).

Die Frage nach dem Anfang ist für die Ermittlung von Prozessen nicht so wichtig.

Die Antwort benötigen wir erst bei der detaillierten Darstellung des Ablaufs in einer Prozessbeschreibung.

Betrachten wir wieder die Prozesse. Schauen wir weiter, welche es überhaupt zu beschreiben gilt.

»Geräte warten« und »Geräte reparieren« sind die Prozesse der Mitarbeiter:innen in der Werkstatt. Sie besetzen die durchführenden Stellen.

> **!** Mitarbeiter:innen haben die durchführenden Stellen inne. Ihre Abläufe beschreiben das D der DEMI-Matrix (Kap. 2.3).

Die leitende Stelle – die Arbeit Vorgesetzter – unterscheidet sich von denen der Mitarbeiter:innen. Diese wollen wir nun betrachten.

5.3 Welche Prozesse gibt es bei Führungskräften?

Wir fragen:

Was machen Vorgesetzte zur Erreichung des Abteilungsergebnisses?

Konkret:

Was macht der Meister oder die Meisterin, damit die Geräte des Unternehmens zuverlässig funktionieren?

Vorgesetzte haben andere Aufgaben als Mitarbeiter:innen (Abb. 11).

Abb. 11: Was nicht in eine Prozessbeschreibung von Vorgesetzten gehört

Zu diesen Aufgaben zählen:
- Gespräche mit Mitarbeiter:innen,
- Meetings mit anderen Bereichen,
- Präsentationen,
- Projekte.

Hm, viele Tätigkeiten …

Meetings mit anderen Bereichen und Präsentationen stehen nicht in direktem Zusammenhang mit dem Abteilungsergebnis.

Projekte sind ebenfalls keine Prozesse.

> **!** Führungskräfte besetzen die entscheidenden Stellen. Die Tätigkeiten stehen für das E in der DEMI-Matrix (Kap. 2.3), für Entscheiden.

Doch die vorgesetzte Person in der Werkstatt hat auch konkrete Aufgaben:

- Einteilung der Arbeit für die Mitarbeiter:innen,
- Kontrolle der Arbeiten,
- Material bestellen.

Das sind wiederkehrende Tätigkeiten, die zum Abteilungsergebnis beitragen.

Zeitlich-logisch gebündelt, können sie als »Arbeit der M-Werkstatt koordinieren« überschrieben werden.

Damit haben wir die Prozesse der M-Werkstatt identifiziert (Abb. 12).

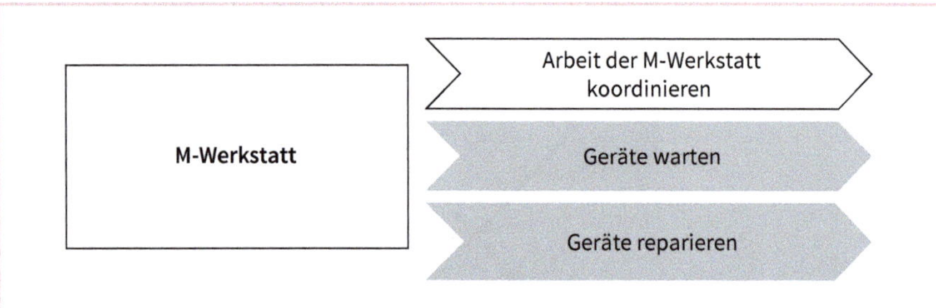

Abb. 12: Prozesse des oder der Vorgesetzten und Mitarbeiter:innen der M-Werkstatt

Ähnlich einfach ist es im Bereich M-Service.

Die Arbeiten sind ähnlich wie die der M-Werkstatt, jedoch gehen die Techniker:innen raus in die Produktion.

Sie warten Maschinen und setzen diese dort instand.

Kniffliger wird es bei der Bereichsleitung M-Technik, der die M-Werkstatt und der M-Service unterstehen.

Wie auch beim Meister oder der Meisterin der M-Werkstatt lassen sich auch bei dieser Führungskraft viele Tätigkeiten finden, die nicht direkt auf das Abteilungsergebnis einzahlen.

Der oder die Vorgesetzte sorgt für die störungsfreie Arbeit des Bereichs.

Also sind hier keine durchführenden Tätigkeiten zu finden?

Wenn wir genauer hinschauen, dann sehen wir doch einen Prozess.

Dieser findet nur einmal im Jahr statt.

Er läuft nicht so strukturiert ab.

Und dennoch sind es immer die gleichen Prozessschritte, die durchgegangen werden.

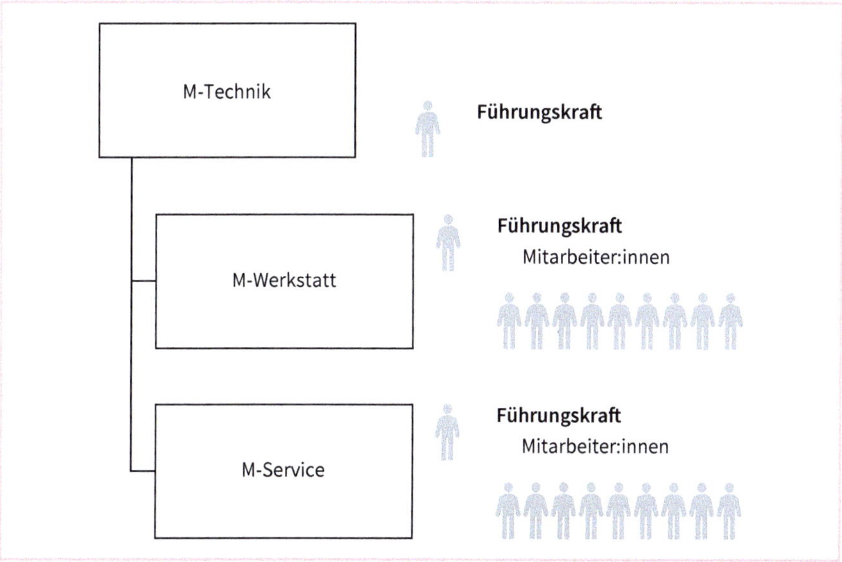

Abb. 13: Vorgesetzte und Mitarbeiter:innen des Bereichs M-Technik im Organigramm

Es handelt sich um die Planung der Instandhaltung.

Das beinhaltet die Einschätzung, wie intensiv und häufig die Wartung erfolgen soll.

Bei Geräten, die in absehbarer Zeit gegen neue ersetzt werden, hält man den Aufwand gering.

Bei anderen Geräten hat man gute Erfahrung damit gemacht, wenn man zwischendrin die Mechanik nachschmiert, und entscheidet sich für ein kürzeres Wartungsintervall … und so weiter.

Das sind Tätigkeiten, die als Prozess »Instandhaltung strategisch planen« bezeichnet werden können. Der oder die Vorgesetzte führt etwas durch.

Dieser Prozess der vorgesetzten Person steht, wie die Prozesse der Mitarbeiter, für das D (Durchführen) der DEMI-Matrix.

Das Bild unserer identifizierten Prozesse sieht nun so aus, wie in Abb. 14 dargestellt.

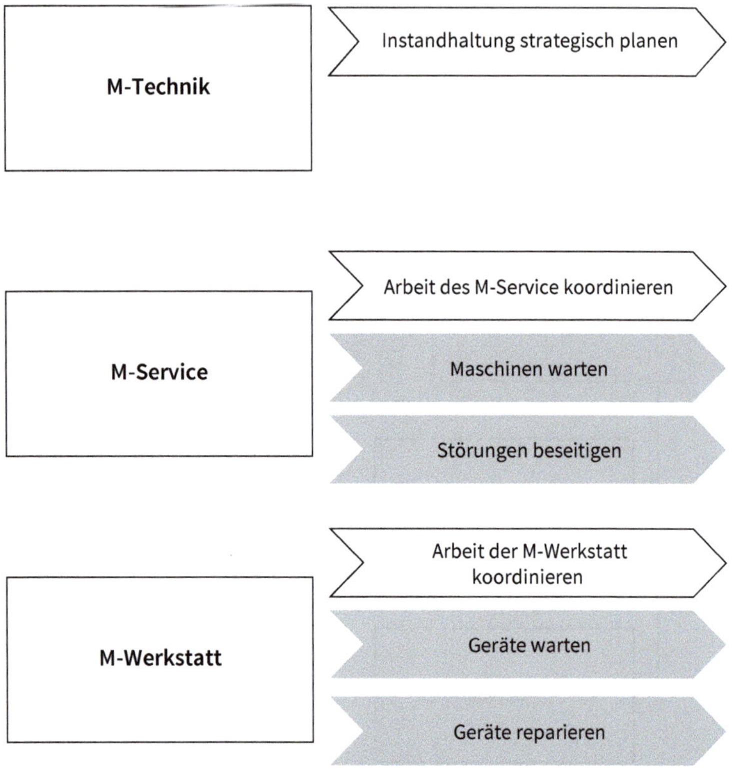

Abb. 14: Prozesse des oder der Vorgesetzten und Mitarbeiter:innen im Bereich M-Technik

Gibt es diese Prozesse wirklich?

Genau so?

Diese Fragen können wir nicht beantworten.

Nicht jetzt.

> **!** Das, was wir jetzt gemacht haben, ist pure Annahme.
> Wissen, wie es tatsächlich läuft, werden wir später (Kap. 5.4).
> Dafür ist die Prozessanalyse notwendig.

Prozessanalyse heißt:

An die Arbeitsplätze gehen, sehen, wie es läuft, und mit den Mitarbeiter:innen über ihre Tagesabläufe reden.

5.4 Welche Prozesse gibt es konkret?

Um die Frage zu beantworten, liste ich auf (Abb. 15).

Prozesstitel	Organisationeinheit	Art
Instandhaltung strategisch planen	**M-Technik**	**Leiter:innen**
Arbeit des M-Service koordinieren	**M-Service**	**Leiter:innen**
Maschinen warten	M-Service	Mitarbeiter:innen
Störungen beseitigen	M-Service	Mitarbeiter:innen
Arbeit der M-Werkstatt koordinieren	**M-Werkstatt**	**Leiter:innen**
Geräte warten	M-Werkstatt	Mitarbeiter:innen
Geräte reparieren	M-Werkstatt	Mitarbeiter:innen

Abb. 15: Fertige »Liste der Prozesse M-Technik«

Ich habe dir demonstriert, wie du aus dem Organigramm die Prozesse herausliest. Damit sind die Prozesse identifiziert.

Die Liste der Prozesse ist dein Startpunkt für die Prozessanalyse.

Sie zeigt dir, welche Prozesse dein Unternehmen hat.

Sie erlaubt eine Schätzung des Aufwands für die Prozessanalyse.

Und du kannst die Vorgehensweise besser planen.

Die Prozesse Bereich für Bereich aufzunehmen, ist keine gute Idee.

Warum? Das zeige ich dir in Kap. 6 zur Ebene 2.

5

> Befasse dich damit, **wie** die Prozessanalyse durchgeführt wird.
> Die Vorgehensweise entscheidet über den Erkenntnisgewinn.

5.5 Was steckt in einem Prozess drin?

Diese Frage beantwortest du mit der Prozessanalyse.

Du erstellst zu jedem Prozesstitel eine Prozessbeschreibung.

Dadurch bekommen die Titel der Prozesse in der Prozessanalyse einen Körper.

Lass uns nun weiter schauen, **wie** wir Prozesse darstellen.

In Kap. 2 habe ich verschiedene Ansätze zur Visualisierung von Prozessen ausgeführt.

Viele sind geprägt vom Bestreben, einen Prozess ausführlich und annähernd maschinenlesbar darzustellen.

Das wollen wir jedoch *nicht* im **ersten** Schritt tun.

> Wie arbeiten wir Menschen?
> Diese Frage wollen wir im ersten Schritt beantworten.

Deshalb geht es darum:

Prozessinhalte in der Prozessanalyse zu erkennen und in Prozessen **verständlich** darzustellen.

Am leichtesten verstehen wir Prozesse, wenn wir uns mit dem Greifbaren und Bekannten beschäftigen: mit dem Ergebnis, das die Abteilung erarbeitet.

> **Definition**
> Eine **Prozessbeschreibung** stellt dar, wie ein Ergebnis einer Abteilung entsteht.

5.5.1 Wie wird die Prozessbeschreibung verständlich?

Eine Prozessbeschreibung ist gut zu verstehen, wenn
- sich die Mitarbeiter:innen in ihr wiederfinden,
- sie die wesentlichen Punkte fokussiert,
- sie den Inhalt treffend darstellt.

5.5.2 Ausführende ins Zentrum stellen

Erstelle die Prozessbeschreibung aus Sicht der handelnden Person.

Benenne die Stelle.

Beschreibe den Prozess aus der Perspektive des oder der durchführenden Mitarbeitenden auf der Stelle.

Versetze dich bei der Formulierung in seine oder ihre Lage.

Was muss der oder die Mitarbeitende tun?

Er oder sie muss Dinge abarbeiten.

Hat Durchführungsverantwortung bis zum Schluss.

So wie ein Läufer oder eine Läuferin mit Staffelstab (Abb. 16).

Abb. 16: Mitarbeiter:innen mit Durchführungsverantwortung

Diese Sichtweise kann der oder die Mitarbeitende am besten nachvollziehen.

Es ist das, was er oder sie tagtäglich tut.

Muss der oder die Mitarbeitende eine Genehmigung einholen?

Ist eine Aktivität von einer anderen Abteilung erforderlich?

Dann lass den Staffelstab – die Prozessausführung – beim dem oder der Mitarbeitenden.

Nur wenn ein neuer Prozess bei einer anderen Abteilung angestoßen wird, geht die Prozessausführung auch in die andere Abteilung.

Ein neuer Prozess ist zu modellieren.

5.6 Soll-Prozess oder Ist-Prozess?

Muss die Prozessbeschreibung den angestrebten Zustand – den Soll-Prozess – darstellen?

Nein und ja:

- Nein, weil die Prozessbeschreibung erst mal das Vorhandene visualisieren soll.
- Ja, weil die Prozessbeschreibung nicht die Bearbeitungsvarianten aller Mitarbeiter:innen wiedergeben kann. Sie zeigt in der ersten Version – dem kleinsten gemeinsamen Nenner –, wie die Mitarbeiter:innen arbeiten sollen.

In Kap. 12.3 gehe ich näher darauf ein.

Die Prozessbeschreibung visualisiert die Bearbeitung.

Sie stellt dar, wie zu arbeiten ist.

> Eine Prozessbeschreibung ist eine Handlungsanleitung für durchführende Mitarbeiter:innen.

Die Prozessbeschreibung muss sich zuordnen lassen:

- der Stelle (mit einer namentlich benennbaren Person) und
- der Abteilung, innerhalb der die Stelle angesiedelt ist.

5.6.1 Wesentliche Punkte benennen

Eines der größten Probleme bei der Aufnahme von Prozessen ist:

der richtige Detaillierungsgrad.

Warum?

Wir sind es gewohnt, wie Vorgesetzte auf die Abteilung zu schauen. Es geht zum Beispiel darum,

- wie viele Angebote zu Aufträgen werden,
- wie lange die Angebotsphase dauert,
- wie hoch das Angebotsvolumen ist.

Da geht es um Ergebnisse.

Es geht nicht darum, **wie** das Ergebnis entsteht.

Das ist jedoch genau der Punkt, um den es bei der Prozessaufnahme geht.

So bekomme ich in der Prozessaufnahme regelmäßig die folgenden Feedbacks der Mitarbeiter:innen:

»Endlich nimmt man sich Zeit, die Abläufe kennenzulernen.«

»Endlich hört man zu!«

Es gibt so viel zu sagen.

Die Informationen quellen über:

Mehr und mehr …

Noch dies und das …

Und hier muss man im Detail genauer schauen …

Was kommt in die Prozessbeschreibung?

Was nicht?

Das ist die große Herausforderung, wenn du Prozesse dokumentierst.

Diese Herausforderung ist nicht allein mit einem Template zum Design der Prozessbeschreibung zu klären.

Dafür brauchst du Klarheit bei folgender Frage:

Was wird **nicht** in einer Prozessbeschreibung abgebildet.

Damit wir Menschen verstehen, was wir so tagtäglich tun:
- Beschränke dich auf die wesentlichen Informationen.
- Hangele dich durch die wesentlichen Bearbeitungsschritte.
- Arbeitseinheit für Arbeitseinheit soll klar werden, wie das Ergebnis entsteht.
- Verzichte auf Details.
- Fokussiere dich auf Prozessschritte.

> **Definition**
> Als **Prozessschritt** können Tätigkeiten dargestellt werden, die von dem oder der Mitarbeitenden in einem Zusammenhang bearbeitet werden.

Beispielsweise so, wie ich in Kap. 3.3.3 am Beispiel Außendienst die erste Ebene beschrieben habe.

Konzentriere dich in der Prozessbeschreibung auf Prozessschritte.

Hier ist meine Empfehlung für ein Template.

Ein Template ist die Vorlage, welche Symbole wie zu verwenden sind.

Es wird auch der Begriff »Modellierungskonvention« dafür genutzt. Meist dann, wenn man umfangreiche Erklärungen macht.

In meinem Beispiel habe ich einen Prozess abgebildet (Abb. 17). Er läuft in einer Lane, in einem rechteckigen Kasten.

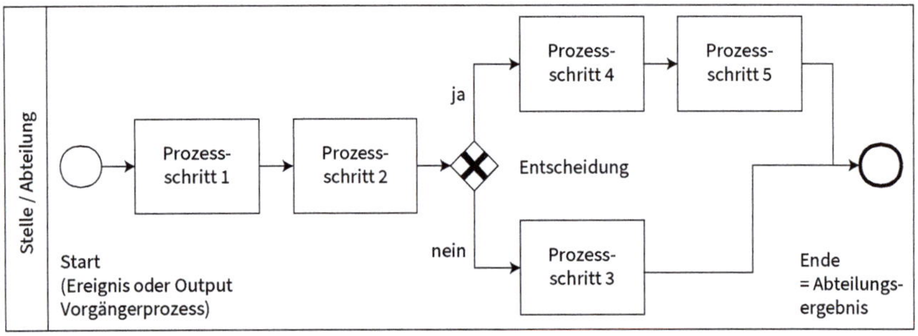

Abb. 17: Template Prozessbeschreibung

Für jede Organisationseinheit wird jeweils eine Lane genutzt.

Werden mehrere Lanes verwendet, bezeichne ich das als Prozesskette. Mehr dazu in Kap. 6.

5.6.2 Treffend formulieren

Welches Kästchen ist in Abb. 18 schneller zu verstehen?

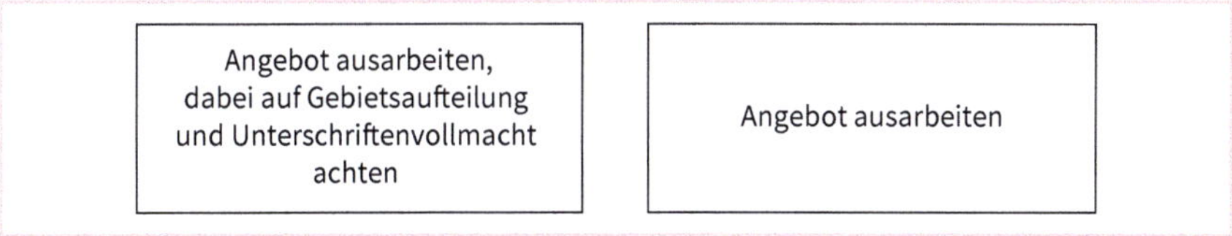

Abb. 18: Prozessschritt lang vs. kurz formuliert

Klar, der kurze Text.

Doch hier fehlen wichtige Informationen.

Beim langen Text sehe ich, worauf zu achten ist.

Wo sind diese Infos? Das weiß ich nicht.

Langer Text oder kurzer Text – in der Prozessbeschreibung ist ein Link zu weiterführenden Regelungen hilfreich, um diese Infos schnell zu finden.

Wir können uns ruhig für den gut lesbaren kurzen Text entscheiden.

Formuliere Prozessschritte kurz und präzise.

Detaillierte Informationen werden auf die Ebene 4 ausgelagert.

Sie werden über Links den Prozessschritten zuordnet (Abb. 19).

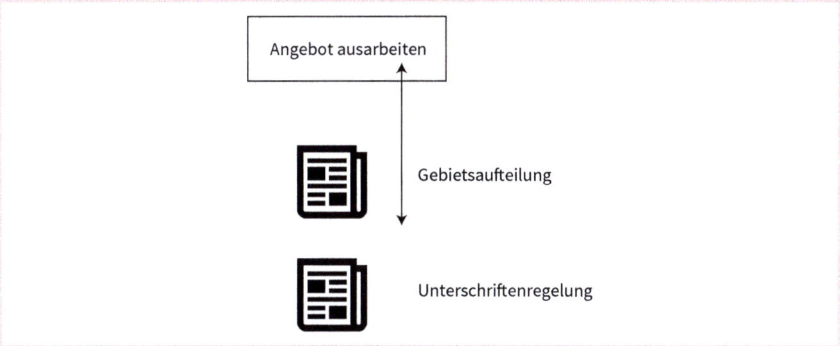

Abb. 19: Prozessschritt mit zugeordneten Detailinfo

Ausführlicher gehe ich in Kap. 8 darauf ein.

5.7 Ist das *ein* Prozess?

Diese Frage wirst du dir mit Sicherheit stellen.

Betrachten wir als Beispiel die Abläufe in der HR-Abteilung.

Es geht beispielsweise darum, eine Stelle zu besetzen.

Folgende Abschnitte werden durchlaufen:
1. Anforderung Stellenbesetzung bearbeiten,
2. Stelle intern oder extern ausschreiben,
3. Bewerber:in auswählen,
4. neue Mitarbeiter:innen onboarden.

Ist das jetzt *ein* Prozess?

Oder sind das mehrere Prozesse?

Ich habe beobachtet, dass immer dann von einem Prozess gesprochen wird, wenn man eine Prozessbeschreibung meint.

Prozessbeschreibungen gestaltet man gern übersichtlich, also nicht mehr als 3 Seiten lang.

So endet eine Prozessbeschreibung mit einem Ergebnis, bei 1. »Anforderung Stellenbesetzung bearbeiten«.

Dies ist ein Zwischenergebnis.

Diese Prozessbeschreibung stellt einen Teilprozess dar.

Der Output ist gleichzeitig der Startpunkt der chronologisch folgenden Prozessbeschreibung 2. »Stelle ausschreiben«.

Bildlich dargestellt, ist es gut nachzuvollziehen (Abb. 20).

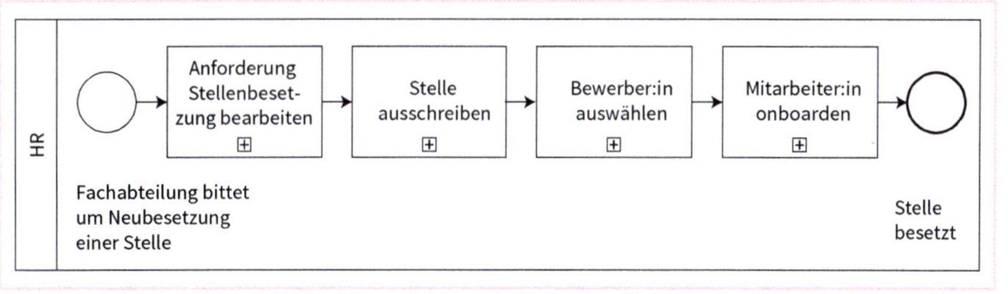

Abb. 20: Prozess »HR – Stelle besetzen« mit Teilprozessen

Jeden Abschnitt einer Prozessbeschreibung könnten wir als Teilprozess bezeichnen.

> **Definition**
> Ein **Teilprozess** ist ein Handlungsstrang mit einem Zwischenergebnis in Hinblick auf das Abteilungsergebnis.

Wichtig ist, dass wir mit einem Prozess einen Geschäftsprozess meinen, der das Arbeitsergebnis einer Abteilung fokussiert.

Hier im Beispiel lautet das Abteilungsergebnis: »Stelle besetzen«.

5.8 Was ist eine Prozessvariante?

Du wirst feststellen:

Das Arbeitsergebnis einer Abteilung kann auf unterschiedlichen Wegen zustande kommen.

So wie bei der HR-Abteilung. Hier gibt es die Varianten:
- »Stelle intern ausschreiben«,
- »Stelle extern ausschreiben«.

Oder beim Einkauf, wo diese beiden Wege zum Ergebnis führen:
- »Material im Einkaufsportal bestellen«,
- »Material per Mail bestellen«.

> **Definition**
> Als **Prozessvariante** wird ein Teilprozess bezeichnet, der auf unterschiedlichem Weg das gleiche Arbeitsergebnis einer Abteilung erreicht wie ein anderer.

In der Prozessanalyse werden die verschieden Wege sichtbar.

Das Hinterfragen (»Soll das so sein?«) erfolgt in der Prozessoptimierung.

5.9 Und wenn das Organigramm nicht gut ist?

Mit einem gut ausgearbeiteten Organigramm ist es leicht, Prozesse zu identifizieren.

Gute Organigramme
- enthalten Abteilungen,
- und weisen alle Stellen aus.

Leider finde ich gute Organigramme selten.

So nehme ich das, was da ist.

Im Kern gilt es zu verstehen:
- Welches Ergebnis wird erzeugt?
- Von welcher Abteilung?

Beispiel
Im Organigramm gibt es **ein** Kästchen für die Abteilung Einkauf.

Die Mitarbeiter:innen der Abteilung »Einkauf« beschaffen sowohl Material als auch Dienstleistungen.

Die Ergebnisse der Prozesse unterscheiden sich.

Deshalb sind zwei Prozessbeschreibungen notwendig:
- eine für das Ergebnis »Material bestellt«,
- eine andere für das Ergebnis »Dienstleistung bestellt«.

Variante 1

Die Mitarbeiter:innen im »Einkauf« bestellen sowohl Material als auch Dienstleistungen. Es gibt nur eine Stelle.

Beide Prozessbeschreibungen werden der Abteilung »Einkauf« zugeordnet. Es gibt nur eine Stelle mit Durchführungsverantwortung.

Für die Stelle Einkauf sind zwei Prozessbeschreibung notwendig:
- eine Prozessbeschreibung mit dem Titel »Material bestellen« (Abb. 21)
- eine andere Prozessbeschreibung mit dem Titel »Dienstleistung bestellen« (Abb. 22)

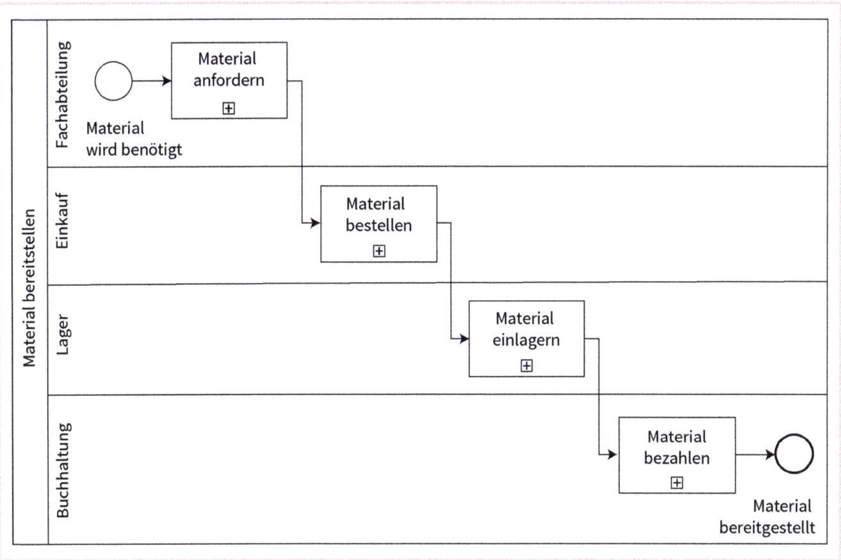

Abb. 21: Prozesskette »Material bereitstellen«, Variante 1

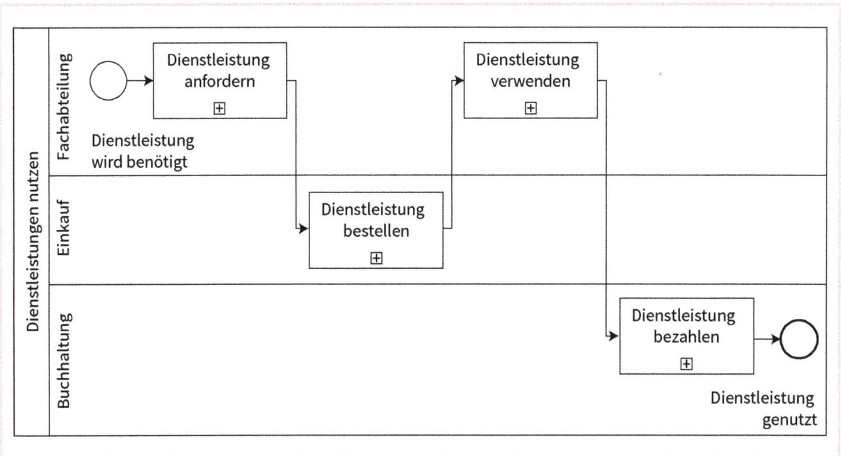

Abb. 22: Prozesskette »Dienstleistungen nutzen«, Variante 1

Variante 2

In der Abteilung »Einkauf« gibt es unterschiedliche Stellen.

Es gibt Mitarbeiter:innen, die bestellen entweder Material oder Dienstleistungen.

Es ist jeweils eine Prozessbeschreibung notwendig für

- die Stelle »Einkauf Material« mit dem Titel »Material bestellen« (Abb. 23),
- die Stelle »Einkauf Dienstleistung« mit dem Titel »Dienstleistung bestellen« (Abb. 24).

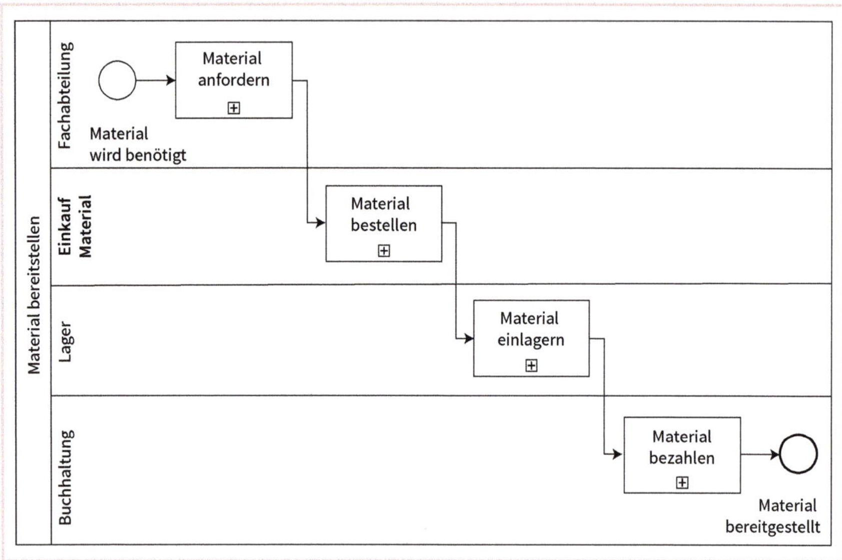

Abb. 23: Prozesskette »Material bereitstellen«, Variante 2

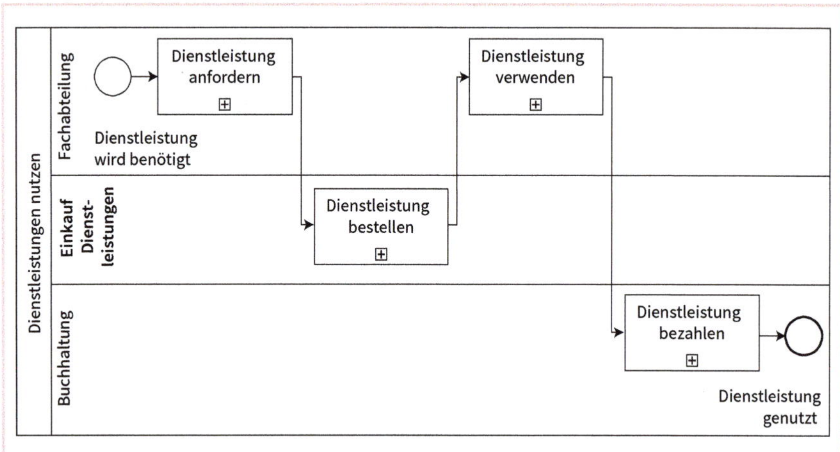

Abb. 24: Prozesskette »Dienstleistungen nutzen«, Variante 2

Die Prozessschritte in den Prozessen sind die gleichen. Lediglich die ausführende Stelle wird anders bezeichnet:

- In Variante 1 wird die Stelle »Einkauf« angegeben,
- in Variante 2 die Stelle »Einkauf Dienstleistungen«.

Ein gut gepflegtes und designtes Organigramm erleichtert die Prozessarbeit enorm.

5.10 Ein Prozess wird nicht durch *eine* Abteilung durchgeführt, sondern durch mehrere

Es gibt Prozesse, die keiner Abteilung zuzuordnen sind.

So wie der Prozess »Jahresgespräch mit Mitarbeiter:innen führen«.

Dieser Prozess ist für eine Kategorie von Stellen – für Führungskräfte – relevant.

Der Prozess erzeugt ein relevantes Ergebnis für das Unternehmen. Deshalb stelle ich es als Prozess dar – entgegen der Definition:

Ein Geschäftsprozess ist eine sich wiederholende Abfolge von Tätigkeiten einer Abteilung (einer Organisationseinheit) zur Erzeugung eines *Ergebnisses*.

> Das relevante Ergebnis für das Unternehmen ist der wichtige Part.
>
> Ist ein Prozess für eine Kategorie von Stellen wie Führungskräften relevant, ist eine Prozessbeschreibung für die Kategorie von Stellen angebracht.

5.11 Warum Abteilung oder Organisationseinheit?

In der Definition habe ich ausgeführt: »...Abfolge von Tätigkeiten einer Abteilung (einer Organisationseinheit)...«.

In einigen Unternehmen verwendet man nicht mehr den Begriff der Abteilung, sondern spricht stattdessen von einem Team.

Hier hat man sich lediglich für eine moderne Bezeichnung entschieden.

Anders ist das bei agilen Organisationsformen wie Scrum-Teams oder Holacracy.

Hier finden wir keine Abteilungen, sondern Organisationseinheiten.

Jedoch entdecken wir auch dort in den Organisationseinheiten, dass sie immer wieder das Gleiche tun. Sie haben ebenfalls Abläufe, die immer das gleiche Ergebnis erzeugen.

Deshalb habe ich den Begriff »Abteilung« in der Definition des Geschäftsprozesses als bekannte Größe gewählt und direkt daneben die Verallgemeinerung platziert, die in allen Organisationsformen das Auffinden von Prozessen ermöglicht.

Auch in traditionell mit einem Organigramm aufgestellten Unternehmen gibt es neben Stellen auch Rollen.

Beispielsweise für den Prozess »Änderung eines Prozesses aus der Abteilung heraus managen«.

Dieser Prozess ist für die Rolle des Prozess Masters relevant.

Als Prozess Master bezeichne ich eine Rolle, die am Prozessmanagement innerhalb der Abteilung arbeitet. Jede Abteilung sollte eine oder einen Mitarbeitenden in den eigenen Reihen haben, die oder der sich mit dem Prozessmanagement auskennt und die Verbindung zum zentralen Prozessmanagementteam ist. Diese Rolle hilft den Kolleg:innen, eigene Prozesse zu verändern und die Abstimmungen zu managen.

Rollen sind Personen zugeordnet und werden nicht hierarchisch gesteuert.

Rollen haben keine klassischen Vorgesetzten und keine Abteilung.

Rollen sind keinen Abteilungen zugeordnet. (Beziehungsweise sollten sie nicht der Einfachheit halber im Organigramm eingezeichnet sein.)

> **!** Beim Zuschnitt eines Prozesses geht es im Kern um die Erledigung der gleichen Aufgabe durch Personen.
>
> Es ist nebensächlich, ob wir diese Aufgabe als Mitarbeiter:innen in einer Abteilung oder als Rolle steuern oder einer Kategorie zuordnen.

6 Ebene 2 – Zusammenarbeit

Wir sind in Kap. 5 zunächst bei Level 3 gestartet. Das Abteilungsergebnis ist unsere feste Bezugsgröße für den Zuschnitt eines Prozesses.

Mit diesem Wissen kannst du die Prozesse deines Unternehmens identifizieren.

Diese Identifikation von Prozessen ist Fleißarbeit.

Notwendige Fleißarbeit.

Sie ist vergleichbar mit dem Zurechtlegen von Puzzleteilen, bevor wir beginnen, das Puzzle zusammensetzen.

Jetzt auf Ebene 2 starten wir genau damit. Wir setzen die einzelnen Teile zu Motiven zusammen.

Wir bauen Prozessketten.

Die Ebene 2 meines Modells steht für Prozessketten (Abb. 25).

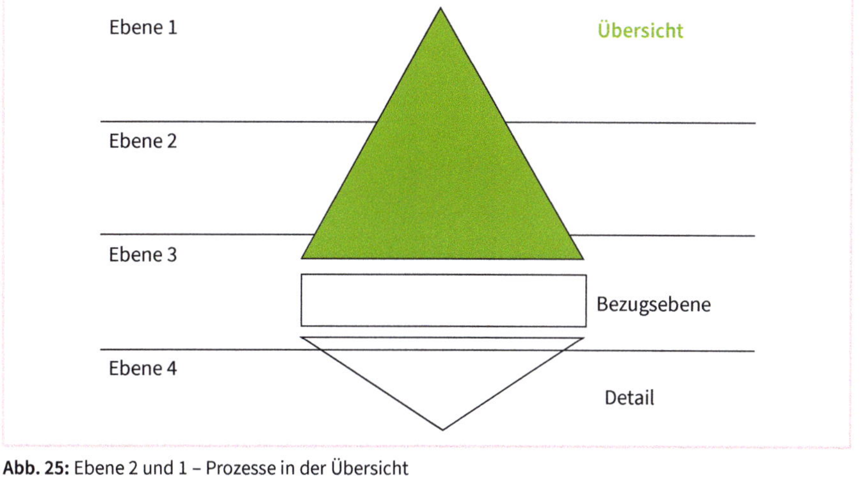

Abb. 25: Ebene 2 und 1 – Prozesse in der Übersicht

Prozessketten sind wie Motive eines Puzzles.

Ein Motiv ist das gemeinsame Thema, das die einzelnen Puzzleteile vereint.

Wenn wir uns beispielsweise das Motiv »Material bereitstellen« anschauen, dann finden wir die folgenden Puzzleteile:

- Die *Fachabteilung*, beispielsweise unsere M-Werkstatt, braucht Schrauben. Sie schreibt eine Materialanforderung und sendet sie an den Einkauf.
- Der *Einkauf* sucht den geeigneten Großhandel heraus und bestellt.
- Angeliefert wird das Material zum *Lager*. Die Mitarbeiter:innen nehmen es entgegen und informieren, dass die Schrauben da sind. Die Werkstatt holt sie ab.
- Die *Buchhaltung* prüft und bezahlt die Rechnung.

Jeder Aufzählungspunkt steht für ein Abteilungsergebnis.

Wie ein Abteilungsergebnis entsteht, wird jeweils in einer Prozessbeschreibung visualisiert.

Bringe ich die Überschriften über die Prozessbeschreibungen mit den ausführenden Tabellen in eine BPMN-Swimlane, sieht sie so aus wie in Abb. 26 dargestellt.

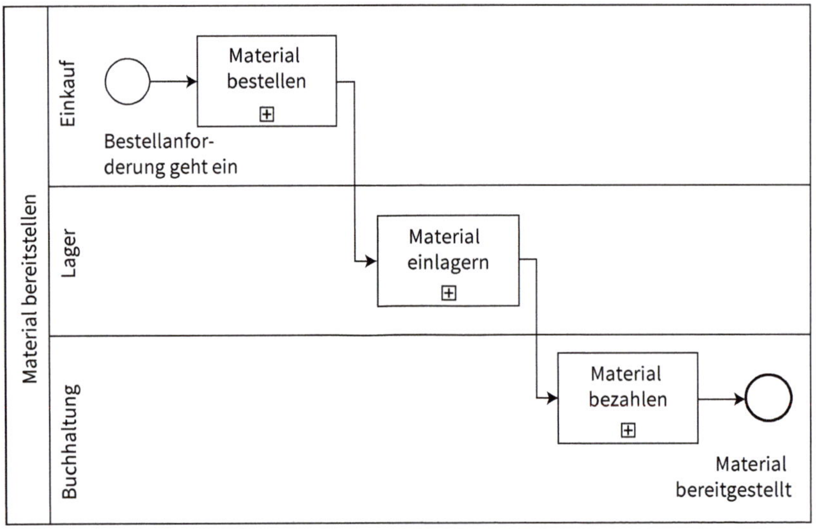

Abb. 26: Prozesskette »Material bereitstellen«

Ich habe Prozess für Prozess in der zeitlichen Folge aufgefädelt, so wie ich Perlen auf eine Kette aufziehe.

Deshalb nenne ich diese Darstellung: Prozesskette.

Eine Prozesskette durchläuft mehrere Lanes in der BPMN-Darstellung.

In diesem Beispiel sind es die Lane Einkauf, die Lane Lager und die Lane Buchhaltung.

Sie stehen jeweils für die Abteilungen, in denen die Prozesse durchgeführt werden.

> **!** Die chronologische Betrachtung ist notwendig.
> Dadurch verstehen wir, wie sich Abteilungen zuarbeiten.

6.1 Wie machen wir Zusammenarbeit sichtbar?

Eine Prozesskette unterscheidet sich in einem Punkt von der Darstellung eines Prozesses:

Eine Prozesskette durchläuft mehrere Lanes.

Es kommt nicht auf die einzelnen Prozessschritte einer Abteilung an, sondern lediglich auf den Output. Dieser ist für die nächste Abteilung ihrerseits der Input usw. – bis zum Ergebnis der Prozesskette.

Durch diese Visualisierung in einer Prozesskette wird klar, wie Abteilungen einander – in chronologischer Folge – zuarbeiten.

> **Definition**
> Eine **Prozesskette** besteht aus der chronologischen Folge von Geschäftsprozessen mehrerer Abteilungen.
> Sie stellt dar, wie durch die abteilungsübergreifende Zusammenarbeit ein Wert für die Kundschaft oder die interne Weiterverarbeitung erarbeitet wird.

Für abteilungsübergreifende Zusammenarbeit wird auch das Synonym crossfunktional genutzt. Davon rate ich jedoch ab, denn der im agilen Umfeld genutzte Begriff crossfunktional steht auch für eine andere Steuerung der Arbeit: eine nicht hierarchische Steuerung.

Wenn der Begriff der abteilungsübergreifenden Zusammenarbeit nicht gewählt werden soll, kann man auch interdisziplinäre Zusammenarbeit sagen.

Auf Prozessketten gehe ich nochmals auf der Ebene 1 ein (Kap. 7).

Dort stelle ich die Unterscheidung von »interner Weiterverarbeitung« und »Arbeit für Kund:innen« detailliert vor.

6.2 Wo sind die Schnittstellen?

Abb. 27 zeigt, wie die Abteilungen einander zuarbeiten.

Darin werden Schnittstellen sichtbar.

> **Definition**
> **Schnittstellen** sind die Punkte in Prozessketten zwischen dem Output der liefernden Abteilung und dem Input der empfangenden Abteilung.
> In der Prozesskette geht die Verantwortung für die Bearbeitung von der liefernden Abteilung in das Verantwortungsgebiet der empfangenden Abteilung über.

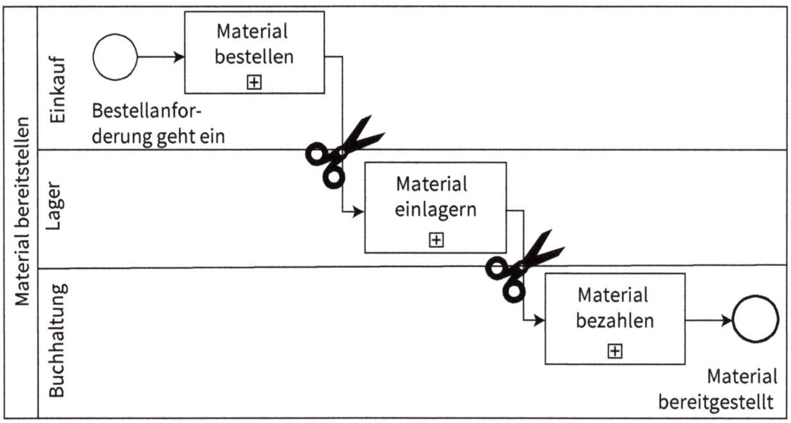

Abb. 27: Schnittstellen in der Prozesskette »Material einkaufen«

Auf der Ebene 2 werden die Schnittstellen sichtbar.

In der dargestellten Prozesskette »Material einkaufen« gibt es Schnittstellen zwischen
- Einkauf und Lager,
- Lager und Buchhaltung.

6.3 Wie finden wir das Motiv?

Das gemeinsame Thema, das der Zusammenarbeit der Abteilungen zugrunde liegt, finden wir heraus durch:

- *Variante 1:* Zusammensetzen der Prozesse,
- *Variante 2:* Betrachtung der Prozesslandkarte,
- *Variante 3:* Standards.

Variante 1:

- Das Zusammensetzen der Prozesse ist der einfachste und sicherste Weg, die Zusammenarbeit in deinem Unternehmen richtig zu verstehen.
- Wie im Beispiel »Material bereitstellen« ausgeführt, können die Prozesse in zeitlicher Folge »aufgefädelt« werden.
- Dafür benötigst du die Info, welchen Input eine Abteilung erhält und welchen Output sie erbringt.

Variante 2:

- In meinen Projekten beginne ich mit der Prozesslandkarte.
- In Kap. 7 zur Ebene 1 werde ich dir zeigen: Das große Motiv für die Zusammenarbeit verbirgt sich in der Prozesslandkarte.
- Warum Abteilungen zusammenarbeiten, wird durch die Klassifizierung verständlich.
- Diese Sicht erschließt sich dir nach mehrfacher Ausführung. Dann ist es viel leichter, als wenn du das erste Mal eine Prozesslandkarte »top down« bildest.

Variante 3:

- Standards sind aus anderen Regelwerken bekannte Prozessketten.
- Ein Beispiel ist der Prozess P2P – Purchase to Pay –, auf den ich in Kap. 10 zu IT-Prozessen eingehe.

7 Ebene 1 – Vogelperspektive

Die Ebene 1 meines Modells ist eine Übersicht über die Prozesslandschaft (Abb. 28).

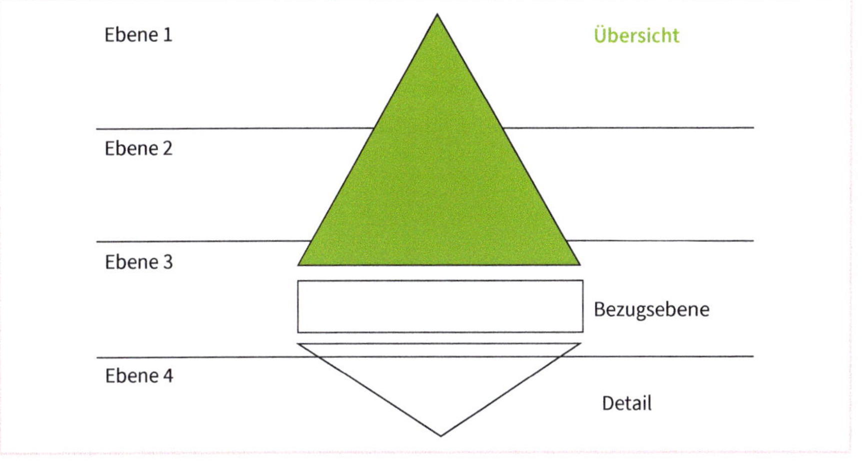

Abb. 28: Ebenen 2 und 1 – Prozesse in der Übersicht

In diesem Kapitel zeige ich dir, wie wir uns diese Übersicht erarbeiten.

Was ist in Abb. 29 zu sehen?

Abb. 29: Puzzle, bevor es zum Bild zusammengesetzt wird

Ja, das sind Zebras.

Wie viele?

Wohin blicken sie?

Was machen sie?

Du kannst nur raten.

Noch.

Wenn alle Puzzleteile zusammengesetzt sind, wirst du erkennen.

Und staunen.

Das Bild ist nicht so, wie du annimmst.

Das komplette Bild habe ich hier für dich: https://prozessoptimierung-sprung.de/prozessmodell.

Wenn du das komplette Bild siehst, dann wirst du beklemmt denken: Wie wenig wusste ich Bescheid!

Das wird dir und deinem Unternehmen auch so gehen, wenn ihr das Bild aller Prozesse zusammengesetzt habt.

Bisher schauen wir nur aus einer Perspektive auf das Unternehmen.

7.1 Anders auf das Unternehmen schauen, aber wie?

Wenn du einer Person dein Unternehmen schnell vorstellst:

Was für eine Übersicht nimmst du dann in die Hand?

Mit großer Wahrscheinlichkeit das Organigramm.

Das Organigramm ist das Bild der Aufbauorganisation.

Es zeigt, welche Bereiche es gibt – wie die Arbeit geteilt ist.

Und wie die Arbeitskoordination über die Hierarchie erfolgt.

Wir sind es gewohnt, »aus dem Organigramm« zu denken.

Wir wissen, welche Abteilungen es gibt und wer wem unterstellt ist.

Doch darum geht es jetzt nicht.

Lass uns diese Sichtweise bewusst zur Seite legen.

Lass uns anders schauen.

Zwei Punkte sind hierfür wichtig:
1. die Vogelperspektive,
2. der Blick auf das Unternehmen als großes Ganzes.

7.1.1 Punkt 1: Vogelperspektive

Hast du bei deinem letzten Flug mal aus dem Fenster geschaut?

Ab 1500 Meter ist alles ganz klein.

Einzelne Häuser sind nicht mehr zu erkennen, nur noch die Straßenzüge.

Einen Fluss sieht man gut.

Du nimmst ihn aus dieser Höhe ganz anders wahr, als wenn du vom Ufer auf das Wasser schaust:

So ist der Rhein wirklich ein blaues Band, das sich durch das Rheinland schlängelt.

Ebene 1 ist diese Höhe von 1500 m.

Auf dieser Höhe bewegen wir uns jetzt und sehen uns dein Unternehmen aus der Vogelperspektive an.

7.1.2 Punkt 2: Das Unternehmen als großes Ganzes

Aus der Vogelperspektive ist es leichter, das Unternehmen als Gesamtkunstwerk zu betrachten.

Du bist ein Teil des Unternehmens, deshalb wird es dir schwerfallen, die Vogelperspektive einzunehmen.

Du agierst von einem bestimmten Punkt in der Organisation aus.

Du bist nicht in einem Flugzeug und kannst unbefangen von oben schauen.

7

Doch genau das solltest du jetzt tun.

Befreie dich von deiner bisherigen Sicht auf dein Unternehmen.

Ganz besonders vom Organigramm.

Jetzt gilt es, anders zu denken.

Nun geht es nur noch um Abläufe, nicht mehr um Position oder Status.

Jetzt sind die Voraussetzungen für die oberste Ebene der Prozessabbildung geklärt.

Gehen wir es an.

Wir schauen dafür noch mal in das vorherige Jahrtausend zurück, wie Unternehmen entstanden.

Henry Ford hatte den Wunsch: Jedermann sollte ein Auto fahren.

Sein Unternehmen hat sich der Aufgabe »Autos bauen« verschrieben.

Das ist der Existenzzweck.

Es ist der Grund, warum es die Firma heute noch gibt.

Die Ford Company produziert und verkauft Autos.

Metalle und Kunststoffe werden durch Prozesse in ein Automobil verwandelt, das die Kund:innen kaufen. Durch diese Abläufe wird ein Wert erschaffen.

Diese Prozesse machen das Unternehmen aus.

Wir nennen sie wertschöpfende Prozesse.

Alle anderen Prozesse gibt es nur, weil es die wertschöpfenden Prozesse gibt.

Doch das haben wir aus dem Blick verloren.

Deshalb schauen wir nun auf alle Prozesse und hinterfragen, warum es sie gibt.

Wir klassifizieren sie in
- wertschöpfende und
- nicht wertschöpfende Prozessketten.

Beginnen wir mit den wertschöpfenden Prozessketten, sie sind relativ einfach zu benennen.

7.1.3 Wertschöpfende Prozessketten

> **Definition**
> Eine **wertschöpfende Prozesskette** besteht aus den Prozessen, die direkt zur Erstellung eines verkäuflichen Produkts oder von Dienstleistungen für die Kundschaft beitragen.

Wir betrachten die wertschöpfende Prozesskette ausgehend vom Wunsch der Kund:innen nach etwas Bestimmten durch die gesamte Wertschöpfung hindurch bis zur Erfüllung dieses Kund:innenwunschs (Abb. 30).

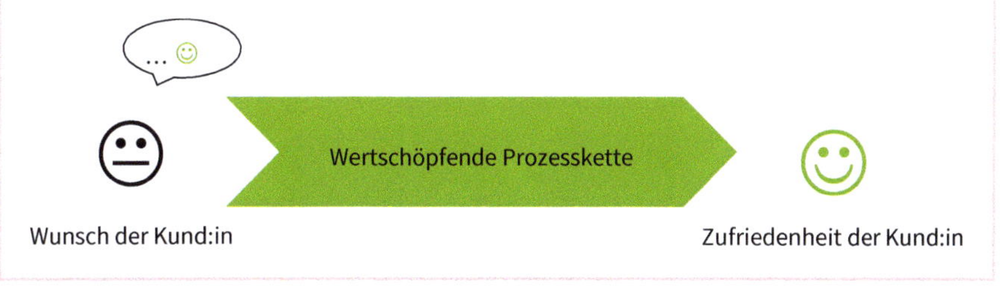

Abb. 30: Wertschöpfende Prozesskette

Dein Unternehmen hat mindestens *eine* wertschöpfende Prozesskette.

Es kann jedoch auch mehrere haben.

7.1.4 Wie finden wir wertschöpfende Prozessketten?

Eine wertschöpfende Prozesskette hat
- ähnliche Abläufe,
- ähnliche Vertriebswege,
- ähnliche Kund:innengruppen.

Kurz: Die Abläufe sind ähnlich.

Betrachten wir ein einfaches Beispiel – eine Bäckerei.

Das Unternehmen backt und verkauft Brot und Brötchen.

Sind das zwei wertschöpfende Prozessketten? Oder nur eine?

Schauen wir uns die Abläufe, Vertriebswege und Kund:innengruppe für Brot an (Abb. 31)

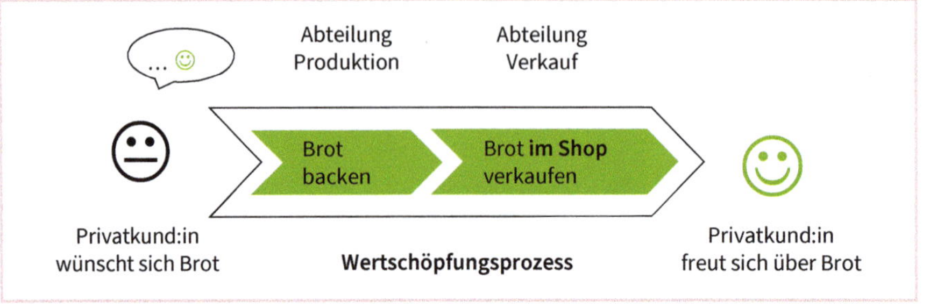

Abb. 31: Wertschöpfende Prozesskette für Brot

Schauen wir uns Abläufe, Vertriebsweg und Kund:innengruppe für Brötchen an (Abb. 32).

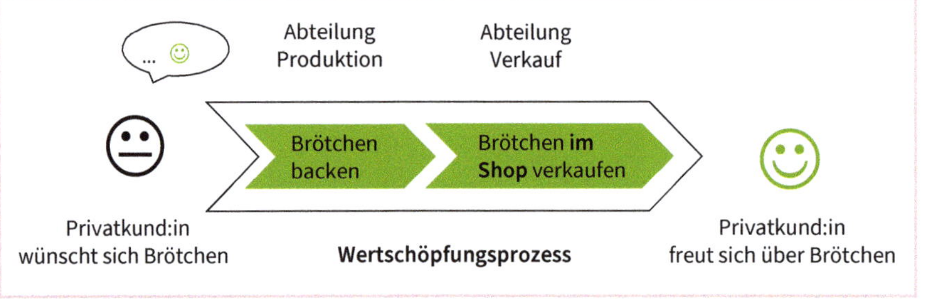

Abb. 32: Wertschöpfende Prozesskette für Brötchen

Als Privatperson gehen wir in eine Bäckerei und kaufen dort Brot oder Brötchen.

Damit sind Kund:innengruppe und Vertriebsweg gleich.

Die Herstellung von Brot oder Brötchen erfolgt ebenfalls sehr ähnlich. Deshalb kann das als *eine* wertschöpfende Prozesskette zusammengefasst werden (Abb. 33).

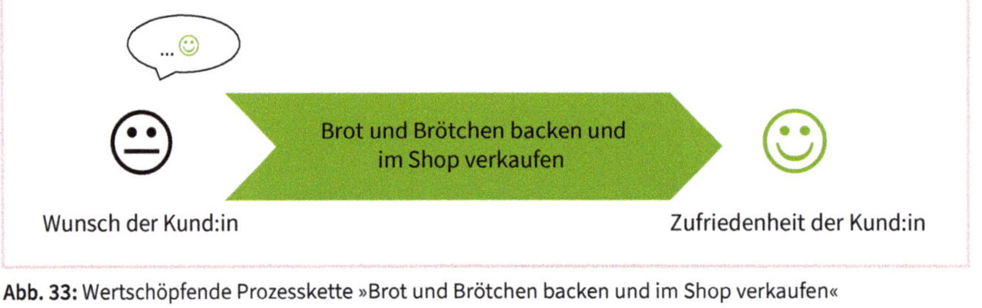

Abb. 33: Wertschöpfende Prozesskette »Brot und Brötchen backen und im Shop verkaufen«

Betrachten wir ein weiteres Beispiel:

Das Unternehmen stellt auch Pralinen her.

Es sind hochwertige Kollektionen, die eigens für Geschäftskund:innen entwickelt werden.

Sie werden mittels Onlineshop verkauft und versandt.

Ist das jetzt eine weitere wertschöpfende Prozesskette?

Oder können wir die bisher Formulierte einfach ergänzen?

Betrachten wir Tab. 1.

Kriterium	Brot und Brötchen	Pralinen	Im Vergleich
Abläufe	in der Backstube backen	in der Backstube fertigen	unterschiedlich
Vertriebsweg	Shop	Onlineversandhandel	unterschiedlich
Kund:innengruppe	Privat	Geschäftskund:innen	unterschiedlich

Tab 1.: Kriterien zur Abgrenzung von wertschöpfenden Prozessketten

Alle drei Kriterien sind unterschiedlich.

Damit haben wir zwei wertschöpfende Prozessketten identifiziert.

So macht es Sinn, die beiden wertschöpfenden Prozessketten zu benennen (Abb. 34).

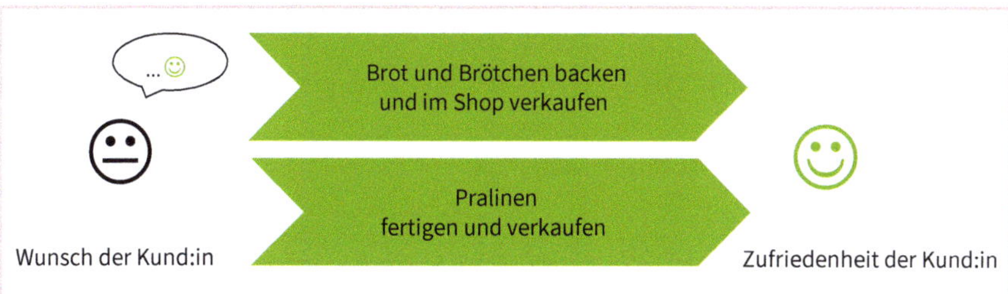

Abb. 34: Unterschiedliche wertschöpfende Prozessketten

Wir haben uns jetzt angeschaut, wie durch abteilungsübergreifende Zusammenarbeit ein verkäuflicher Wert für die Kund:innen geschaffen wird.

Wir haben den Existenzzweck – den Purpose – herausgearbeitet. Und wir haben verstanden, wie das Unternehmen das macht.

Doch kein Unternehmen kann allein aus wertschöpfenden Prozessketten bestehen.

Es braucht weitere Prozesse, damit die Wertschöpfung stattfinden kann.

Begutachten wir zunächst die Prozesse und Prozessketten, die den Abteilungen der wertschöpfenden Prozesskette zuarbeiten.

Diese Prozessketten ermöglichen die interne Weiterverarbeitung. Ich unterscheide sie von den wertschöpfenden und nenne sie supportende Prozesse und Prozessketten.

7.1.5 Supportende Prozessketten

Betrachten wir nochmal die Prozesskette »Material bereitstellen«.

Diese gibt es in vielen Unternehmen, weil sie die Vorteile eines zentralen Einkaufs nutzen (Abb. 35).

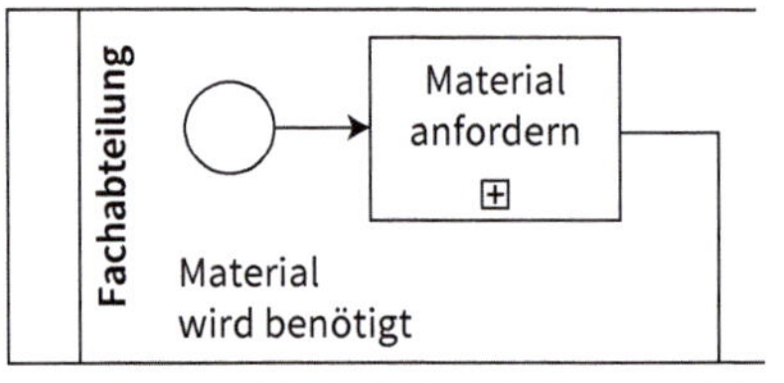

Abb. 35: Input der Prozesskette »Material bereitstellen«

Die Prozesskette wird durch die Fachabteilung ausgelöst, in dem sie eine Bestellanforderung an den Einkauf schickt.

Im Ergebnis der Arbeit steht das angeforderte Material für die Fachabteilung bereit.

In dieser Weise arbeitet diese Prozesskette anderen Abteilungen zu.

Sie unterstützt diese.

Ähnlich ist es mit dem Prozess »Stelle besetzen«. Auch dieser Prozess kann von allen Fachabteilungen in Anspruch genommen werden (Abb. 36).

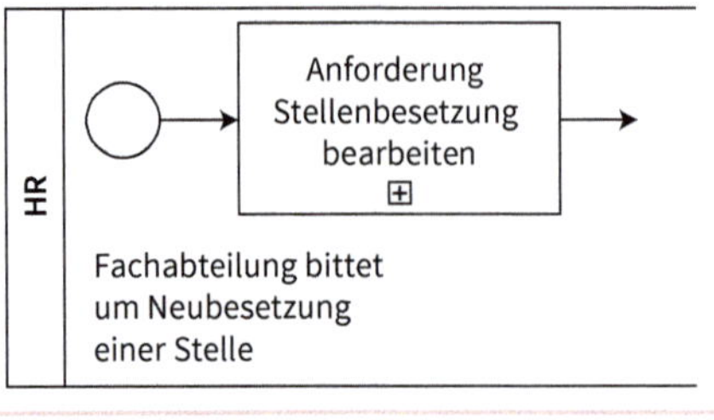

Abb. 36: Input des Prozesses »HR – Stelle besetzen«

> **Definition**
> **Supportende Prozesse und Prozessketten** sind jene, die für die Aufrechterhaltung der wertschöpfenden oder managenden Prozessen und Prozessketten notwendig sind.

Supportende Prozesse und Prozessketten arbeiten anderen Abteilungen zu.

Manchmal wird deshalb der Begriff des internen Kunden verwendet. Ich benutze diesen Begriff jedoch nicht.

Ich halte ihn für irreführend.

Ein Kunde hat immer die freie Wahl; eine Abteilung hat dagegen nicht die freie Wahl, mit wem sie zusammenarbeitet.

Die Idee hinter dem Begriff des internen Kunden ist klasse. Sie macht klarer, wer wem zuarbeitet.

Schauen wir dann aber auf die Einordnung der Prozesse, so wie wir auf die Einordnung von Abteilungen im Organigramm schauen, so werden supportende Prozesse und Prozessketten als 2. Wahl deklassiert.

Das ist nicht notwendig und nicht hilfreich!

Spätestens seit der Pandemie haben wir verstanden, dass wir uns alle brauchen – auch Kassierer:innen im Supermarkt.

Ich habe beobachtet, dass es eine Vielzahl von supportenden Prozessen und Prozessketten gibt.

Oft sind die supportenden zahlenmäßig sogar mehr als die wertschöpfenden Prozessketten.

Von Mitarbeiter:innen, Material, IT bis hin zu Räumlichkeiten gibt es eine große Palette von Voraussetzungen, die im Unternehmen bereitgestellt werden müssen.

7.1.6 Managende Prozessketten

> **Definition**
> **Managende Prozesse** dienen der Steuerung von wertschöpfenden oder supportenden Prozessketten auf Unternehmensebene.

Mit den wertschöpfenden und supportenden Kategorien haben wir uns die Arbeit des Unternehmens an der Basis angeschaut.

Jetzt geht es um die Steuerung des **gesamten** Unternehmens – aus Sicht der Abläufe.

Mit Steuerung ist nicht die hierarchische Koordination nach dem Prinzip »Command and Control« gemeint.

Es geht um die Prozesse, die es dem Unternehmen erlauben, seine Gesamtaufgabe zu erbringen.

Es sind wenige Prozesse.

Diese laufen auf der Ebene der Geschäftsleitung bzw. des Vorstands. Dies gilt beispielsweise für den Prozess »Strategie planen und Umsetzung managen«.

Die Prozesskette »Wirtschaftsplan erstellen« wird vom Vorstand initiiert und nach Zuarbeit der Daten mit der Strategie in Einklang gebracht.

Wir haben nun aus der Vogelperspektive auf die unterschiedlichen Gestaltungsmerkmale der Prozesslandschaft geblickt.

Schauen wir uns nun das Gesamtbild – die Prozesslandkarte – an.

7.1.7 Prozessketten im Überblick

Einzelne Prozesse zu modellieren und dann zu Prozessketten zusammenzusetzen, ist gefährlich.

Allein auf BPMN zu vertrauen, bringt dich nicht ans Ziel.

Ob man damit die richtige Prozesskette gefunden hat, kann man nicht beurteilen.

So wie man in der Landschaft stehend nicht beurteilen kann, ob der Weg zum Ziel führt. Der Überblick fehlt.

Aus diesem Grund ist es hilfreich, sich am Anfang eines Prozessprojekts einen Überblick zu verschaffen:

Also zuerst die wertschöpfenden, supportenden und managenden Prozessketten zu identifizieren, bevor du in die Prozessanalyse gehst.

Mit dem richtigen prozessualen Denken kannst du die wichtigsten Prozessketten benennen.

… wenn auch nur so ungefähr.

Das sollte so okay sein. Die erste Zusammenstellung der Prozessketten bietet eine erste Orientierung.

Nach der Prozessanalyse, nachdem du alle Prozesse kennst, kannst du die erste Annahme überarbeiten.

> Weil die Bildung der Prozessketten für den Erkenntnisgewinn in der Prozessanalyse so wichtig ist, beginne ich Prozessprojekte immer mit der Erstellung der Prozesslandkarte.

7.2 Was ist eine Prozesslandkarte?

> **Definition**
> Die **Prozesslandkarte** ist das Instrument des Prozessmanagements zur Darstellung der Prozesslandschaft.
> Es ist die abstrakte Visualisierung von Prozessen und Prozessketten, wobei diese in wertschöpfende, supportende und managende eingeteilt werden.

Die Prozesslandkarte ist das Bild des Unternehmens als großes Ganzes.

Im Kern visualisiert sie die Aufgabe des Unternehmens und wie diese erfüllt wird.

Wichtig ist die Übersicht.

Also das Weglassen von detaillierten Informationen.

Die Abb. 37 und Abb. 38 zeigen zwei Beispiele.

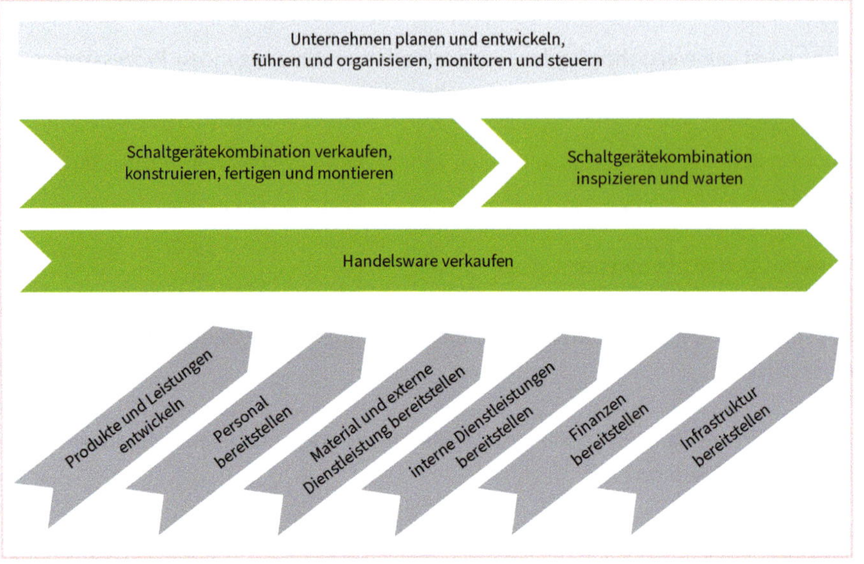

Abb. 37: Prozesslandkarte eines Industrieunternehmens

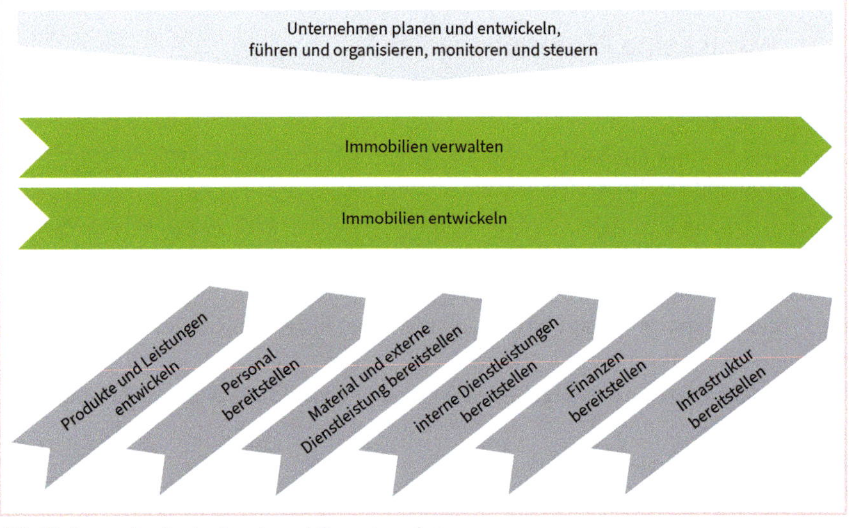

Abb. 38: Prozesslandkarte eines Immobilienunternehmens

Das sind zwei Beispiele für die erste Seite der Prozesslandkarte.

Hier zeige ich ganz reduziert die wichtigsten Informationen.

Um alle weiteren Infos übersichtlich darstellen zu können, arbeite ich mit mehreren Seiten – mit Ausschnittkarten.

Auf denen zeige ich eine Zusammenfassung von Prozessen und Prozessketten.

Alles mit dem Zweck, die Arten der Zusammenarbeit – die Grundlage für die Prozessketten – zu verstehen.

So wie beim folgenden Unternehmen für Immobilienverwaltung und -entwicklung.

Nach der ersten Seite habe ich mit zwei weiteren Ausschnittkarten gearbeitet, um detaillierter zu zeigen, wie die Wertschöpfung erfolgt.

Das sieht so aus, wie in den Abb. 39 bis 41 gezeigt.

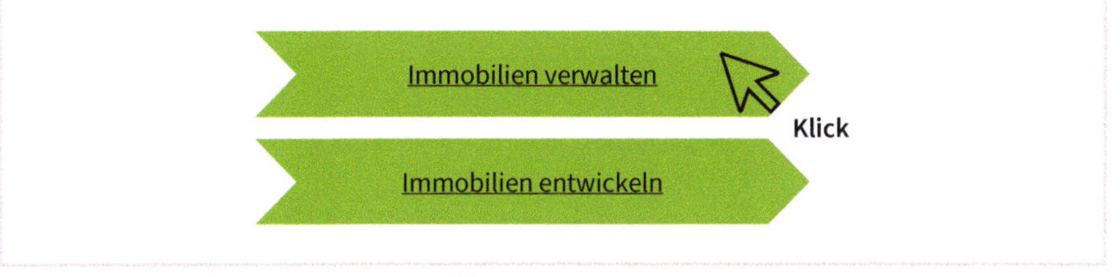

Abb. 39: Wertschöpfende Prozessketten auf der obersten Ebene der Prozesslandkarte

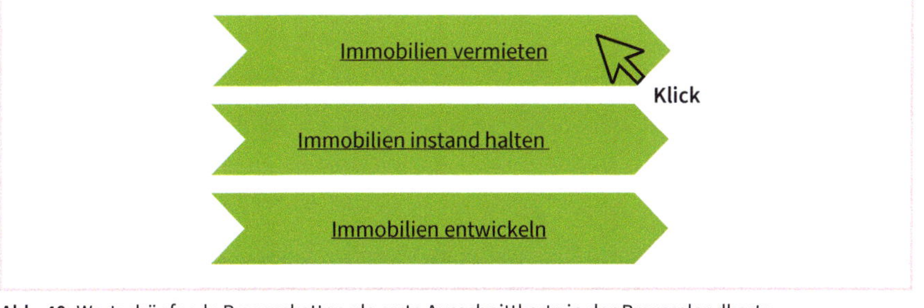

Abb. 40: Wertschöpfende Prozessketten als erste Ausschnittkarte in der Prozesslandkarte

Die Karten sind durch Links verbunden, sodass man nach dem Klick auf die nächste passende Karte kommt (Abb. 41).

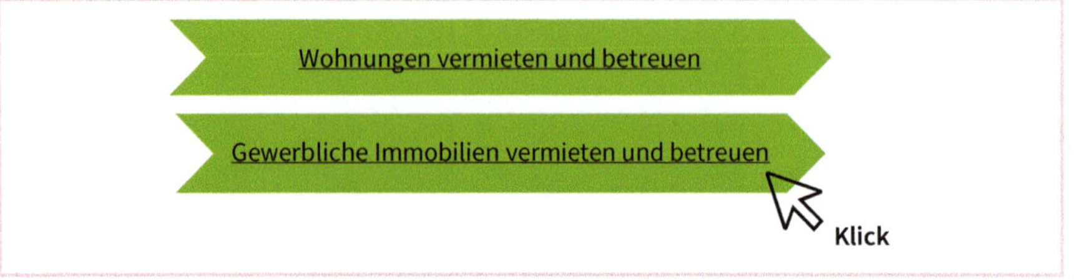

Abb. 41: Aufgliederung der wertschöpfenden Prozesskette als zweite Ausschnittkarte der Prozesslandkarte

Mit den Pfeildarstellungen nehme ich so lange Gruppierungen vor, bis ich auf eine überschaubare Prozesskette der Ebene 2 verweisen kann (Abb. 42).

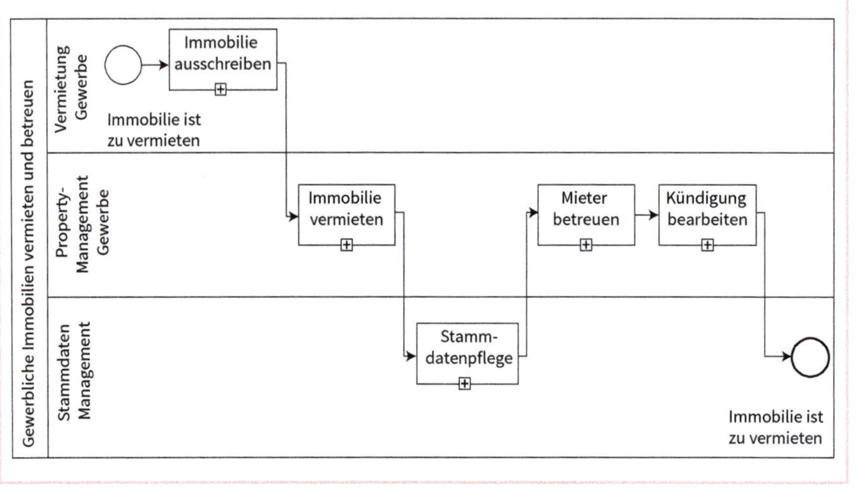

Abb. 42: Level 2 – Prozesskette im BPMN-Format

8 Ebene 4 – Ameisenperspektive

Wir sind in Kap. 5 mit der Ebene 3 gestartet. Das Abteilungsergebnis ist unsere feste Bezugsgröße für den Zuschnitt eines Prozesses.

Wie das Abteilungsergebnis erarbeitet wird, kann grob in Prozessschritten oder detailliert bis zu jedem Handgriff beschrieben werden.

Auf Ebene 3 wollen wir das Verständnis erzeugen, wie ein Prozess abläuft.

Das bilden wir in Prozessbeschreibungen ab.

Konzentration auf das Wesentliche ist nötig.

Wir verwenden wenig Text und treffende Formulierungen.

Details lagern wir auf Ebene 4 aus (Abb. 43).

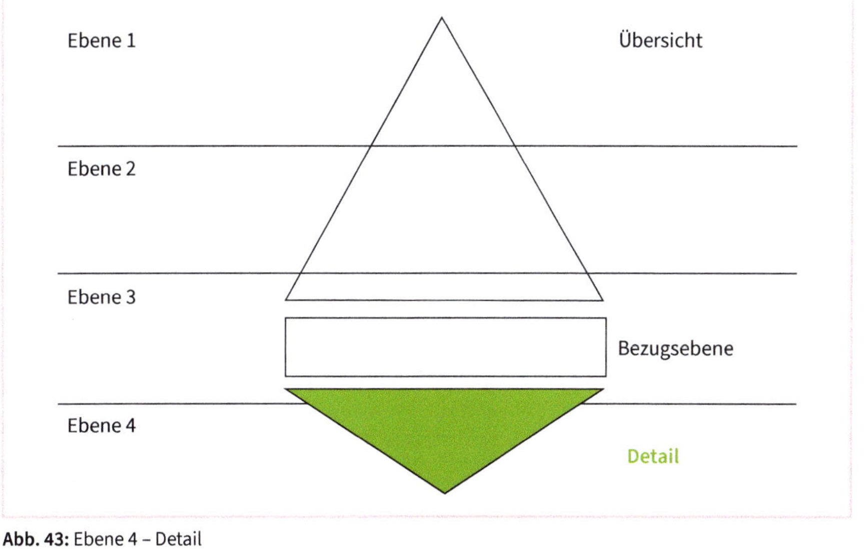

Abb. 43: Ebene 4 – Detail

Hier auf Ebene 4 wirst du die Informationen verwalten, die zu einer guten Abarbeitung von Prozessen gehören.

Auf Ebene 4 meines Modells werden Detailinformationen verwaltet.

8

8.1 Wie sehen Detailinformationen aus?

Detailinformationen sind als Anweisungen oder Anleitungen formulierte weiterführende Regelungen, wie zum Beispiel Checklisten und Freigaben.

8.1.1 Checklisten

Beispiel: Checkliste zur Wartung eines Gerätes
Mit einer Checkliste kannst du Arbeits- und Prüfschritte vorgeben.

Du kannst die Durchführung der Arbeitsschritte durch Abhaken und gleichzeitig das Ergebnis der Prüfungen auf dem Formular eintragen lassen. Sehr praktisch!

Checklisten sind ideal, wenn sehr konkrete Vorgaben gemacht werden müssen und es darauf ankommt, die Einhaltung nachzuweisen.

In der Prozessbeschreibung reicht dann der Bezug auf die einzusetzende Checkliste.

Alles Weitere ist in diesem Dokument konkret beschrieben.

Noch benutzen Techniker:innen im Außeneinsatz oft gedruckte Formulare. Doch das Papier wird zunehmend von Tablets abgelöst.

Ist eine inhaltlich gut ausgearbeitete Checkliste vorhanden, kann diese leicht digitalisiert werden.

8.1.2 Freigaben

Beispiel: Freigabe einer Rechnung zur Bezahlung
Hier ist es sinnvoll zu schauen, ob das richtige Material angekommen ist und ob die Rechnung richtig ausgestellt wurde.

Dafür gab es früher mal einen Stempel mit zwei Feldern:

- sachlich richtig – zu prüfen durch den Besteller,
- rechnerisch richtig – zu prüfen durch den Buchhalter.

Heute gibt es den Stempel nicht mehr.

Bestellung und Bezahlung werden im Warenwirtschaftssystem verbucht.

Das System nimmt die Prüfungen automatisch gemäß den programmierten Vorgaben vor.

Beispiel: Freigabe eines Angebots
Bis zum Betrag *x* kann der oder die Mitarbeitende eigenständig das Angebot erstellen. Über dem Betrag *x* muss der oder die Vorgesetzte das Angebot freigeben.

Für unterschiedliche Produktgruppen kann der Betrag unterschiedlich sein, oder es können weitere Prüfschritte erforderlich machen.

Das kannst du mit BPMN für jede Produktgruppe modellieren.

Jedoch wird die Darstellung sehr schwer lesbar und macht auch bei Änderungen viel Arbeit.

Deshalb rate ich davon ab.

Freigaben sind am übersichtlichsten in einer Liste zu regeln.

In der Prozessbeschreibung verweist du auf die Freigaberegelung.

Wenn du später den Freigabeprozess automatisch ablaufen lassen willst, dann wirst du die Liste nutzen. Sie wird dir eine wertvolle Hilfe beim Übertrag in die IT sein.

Damit kannst du schnell ein DMN-Entscheidungslogik modellieren.

DMN – Decision Model and Notation – ist der Notationsstandard für Entscheidungsregeln und ist auf BPMN abgestimmt.[7]

Sauber ausgearbeitete Freigaben erleichtern die Digitalisierung der Abläufe.

In Kap. 10 gehe ich darauf näher ein.

Wenn du die Abläufe durchdenkst, dann wird auffallen, dass Regelungen fehlen.

In Kap. 8.1.2 zum Thema Freigaben habe ich gerade davon abgeraten, zu detaillierte BPMN-Modelle zu erstellen.

Was ist dann die Alternative?

Wieder mehr Text?

Nein!

> Wähle auf Ebene 4 jeweils die Form, die den Inhalt am einfachsten verstehen lässt. Verwende auch Piktogramme, Screenshots, Videos und Audios.

7 https://www.omg.org/dmn

8.2 Überbringe die Information in der geeigneten Form!

Wo am PC ist diese Einstellung vorzunehmen?

☑ Eine bebilderte Anleitung – eine Serie von Screenshots – kann uns schnell helfen.

Wie ist das E-Auto aufzuladen?

☑ Das kann ein Video zeigen, und wir können das Gezeigte direkt nachmachen.

Wie ist das Produkt einzupacken?

☑ Das kann eine Serie von Piktogrammen zeigen. So wie IKEA es macht. Hier kommt man mit *einer* Anleitung für alle Sprachen aus.

Es gibt viele Lösungsmöglichkeiten.

Oft braucht es mehr Mut, diese auch anzuwenden.

Jede einzelne Regelung kannst du über einen Link einem Prozessschritt zuordnen (Abb. 44).

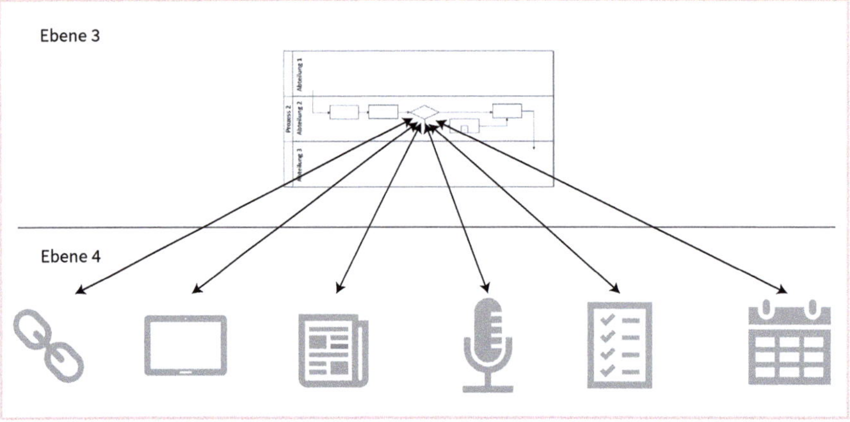

Abb. 44: Zuordnung von Detailregelungen zu Prozessschritten

Das macht es den Mitarbeiter:innen leicht, die Regelung aufzurufen und umzusetzen.

Die Verwaltung der Regelungen braucht ein durchdachtes Konzept.

Gerade dann, wenn alles elektronisch abgelegt wird.

Es braucht einen Plan dafür, wie du eine Übersicht über die Regelungen erlangst und wie die Regelungen gefunden werden.

Eine Zuordnung zu Prozessschritten wird nicht ausreichen.

Doch damit nicht genug.

Es gibt schon jede Menge Regelungen.

8.3 Was machen wir mit den anderen Regelwerken?

Diese Regelwerke kennst du:

- Arbeitsanweisungen,
- Betriebsanweisungen,
- Handbücher,
- Richtlinien.

Wenn du in einer größeren Firma arbeitest, dann begegnen dir sicher einige.

Aus der Prozessbeschreibung heraus kannst du auf ein solches Dokument Bezug nehmen.

Was fehlt, ist eine klare Regelung á la »Mach es so!«

Oder die Regelung ist auf Seite 120 des Einkaufshandbuchs versteckt.

Oder sie ist in der IT-Richtlinie auf Seite 4 ebenfalls enthalten, nur ein bisschen anders.

So verweist du aus der Prozessbeschreibung auf ein Labyrinth!

Was tun?

Oft höre ich als Reaktion des Projektteams:

»Das regeln wir dann in der Prozessbeschreibung!«

> **!** Das Gleiche mehrfach zu regeln, ist nicht die Lösung!
> Es muss einen Neustart des Regelungssystems geben.

Anleitung und Anweisung müssen neu gestaltet werden.

Es braucht ein neues Konzept, wie

- Mitarbeiter:innen in ihrer täglichen Arbeitsausführung unterstützt werden,
- Arbeitsvorgaben gemacht und kontrolliert werden,
- Regelungen erstellt und verwaltet werden.

Kurz: Hier auf Ebene 4 liegt das, was gern auch als Wissensmanagement bezeichnet wird.

In Kombination mit Ebene 3, den Prozessbeschreibungen, ist das der Stoff, den Mitarbeiter:innen für eine gute Arbeitsausführung benötigen.

Ebene 4 ist eine große Herausforderung.

Diese bewältigst du mit deinem Unternehmen nur Schritt für Schritt.

> Beginne erst mal mit dem Zusammentragen von Regelungen.
> Mach sichtbar, was für Dokumente es bereits gibt.

In der Prozessanalyse kannst du das nebenbei erledigen.

Wenn du in der Prozessanalyse die Prozessschritte zu den Prozessen ermittelst, werden tonnenweise Informationen auf dich niedergehen.

Alle auf einmal erfassen: nicht möglich.

Du musst dich darauf vorbereiten,

- welche Informationen du zunächst sammeln und
- wie du diese notieren willst.

Regelwerk und Wissensmanagement sind ineinander verschmolzen.

Sie lassen sich nur gemeinsam betrachten.

Und sie sind ein Teil von Prozessen.

Die Änderung von Regelwerk und Wissensmanagement muss in Zusammenarbeit mit dem Prozessmanagement erfolgen.

Der Neustart des Regelungssystems sollte durch ein Projekt gemanagt werden. Ich mache es dann, wenn die Arbeit in Prozessketten optimiert ist.

Das anspruchsvolle Vorhaben erfordert Zeit und Ressourcen der Mitarbeiter:innen.

Der Lohn ist

- eine enorme Arbeitserleichterung für Mitarbeiter:innen,
- eine einfachere Steuerung durch das Management,
- eine immense Einsparung von versteckten, bisher nicht messbaren Kosten, wie Suchzeiten, Doppelarbeiten, Missverständnissen.

Mit dem Abschluss von Ebene 4 haben wir alle Ebenen des Giersberg-Prozessmodells betrachtet.

Doch das ist nicht alles, was du zu Geschäftsprozessen wissen solltest.

Ich gehe nun auf andere Sichtweisen des Prozesses ein.

9 End-to-End – meint was …?

Derzeit wird im Zusammenhang mit Prozessen häufig von End-to-End-Prozessen gesprochen.

Auch hier gibt es unterschiedliche Betrachtungsweisen:

- Perspektive der Kund:innen,
- von Unternehmen zu Unternehmen,
- von IT zu IT.

9.1 Perspektive der Kund:innen

Managementdenker Michael Porter hat erkannt:

Die Unternehmen, die sich auf ihre Wertschöpfung konzentrieren, sind erfolgreicher (Porter 2014).

Anders formuliert:

Die Unternehmen, die ihren Kund:innen ein attraktives Angebot offerieren, sind erfolgreicher.

Deshalb dürfen die Kund:innen nicht in der Betrachtung fehlen.

Die Kund:innen mit ihren speziellen Wünschen sind der Ausgangspunkt für das Angebot des Unternehmens.

Der Endpunkt für das Unternehmen ist die Erfüllung der Kund:innenwünsche durch den Verkauf von Produkten oder Leistungen.

Wenn die Kundschaft zufrieden ist, wird sie wiederkommen.

Dann ist der Endpunkt ein neuer Anfangspunkt.

So kann die End-to-End-Sichtweise mit dem Kern der Wertkette nach Porter erklärt werden.

Dies passt auch zum organisationstheoretischen Konzept.

Dieses beschreibt, wie Unternehmen mittels Aufbau- und Ablauforganisation konstruiert sind, um die Gesamtaufgabe – die Erstellung von Werten – zu erfüllen.

Ich halte die End-to-End-Sichtweise für die wichtigste Sichtweise (Abb. 45).

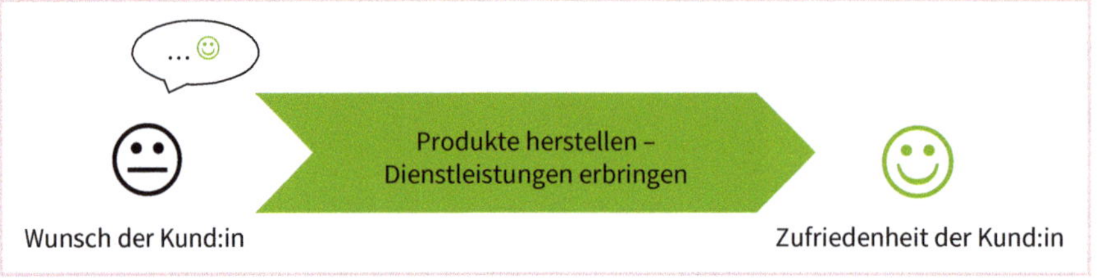

Abb. 45: Kund:in-zu-Kund:in-Prozesskette

9.2 Von Unternehmen zu Unternehmen

Die Zuarbeit entlang der Lieferkette ist eine andere Art der End-to-End-Betrachtung.

Diese Lieferkettenbetrachtung ergibt insbesondere hier in Deutschland viel Sinn.

Hier sind umfangreiche Lieferketten entstanden.

Beispiel Automobilbau:

- BMW ist der Automobilhersteller (Original Equipment Manufacturer, OEM).
- OEM kauft vom Modullieferant Bosch (Tier 1) Lichtmaschinen ein.
- Bosch ordert dafür vom Komponentenlieferanten PRETTL SWH (Tier 2) Sensoren.
- Dieses Unternehmen bezieht wiederum Kabel von LEONI (Tier 3).

Man arbeitet mit dieser Klassifizierung entlang der Lieferkette im Automobilbau (Abb. 46).

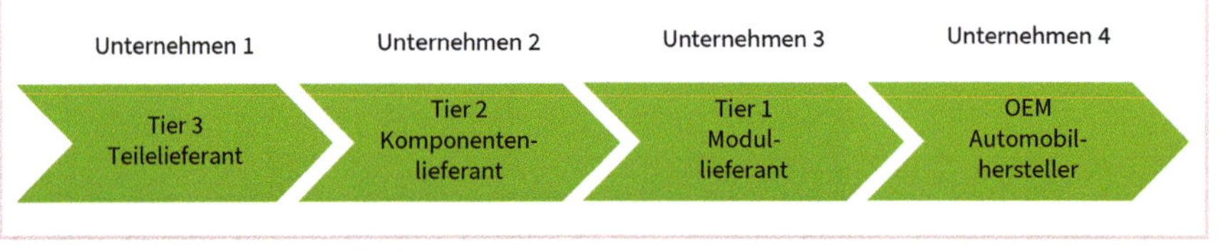

Abb. 46: Unternehmen-zu-Unternehmen-Kette

End-to-End heißt für Michael Hammer, konsequent entlang der gesamten Lieferkette zu denken und nicht an der Grenze des Unternehmens haltzumachen (Hammer 2019).

Er sieht darin den Ansatz zum supereffizienten Unternehmen.

Michael Hammer hat sein bekanntes Konzept Business Process Reengineering (BPR) (Hammer & Champy 1994) weiterentwickelt und im Jahr 2001 veröffentlicht. 2019 wurde dieser Artikel vom *Harvard Business Manager* in die Top 10 der Harvard-Klassiker aus 40 Jahren gewählt (Hammer 2019).

9.3 Von IT zu IT

Der Begriff »End-to-End-Prozess« wird am häufigsten im Zusammenhang mit IT-Systemen genutzt.

Wenn IT-ler:innen von End-to-End sprechen, dann meinen sie die Verarbeitung von Daten in einem IT-System.

Die durchgängige Betrachtung vom Startereignis, einem Input, bis hin zum Ergebnis, dem Output.

Unter Schnittstelle wird in diesem Kontext der Übergang von einem in ein anderes IT-System verstanden, also eine IT-Schnittstelle (Abb. 47).

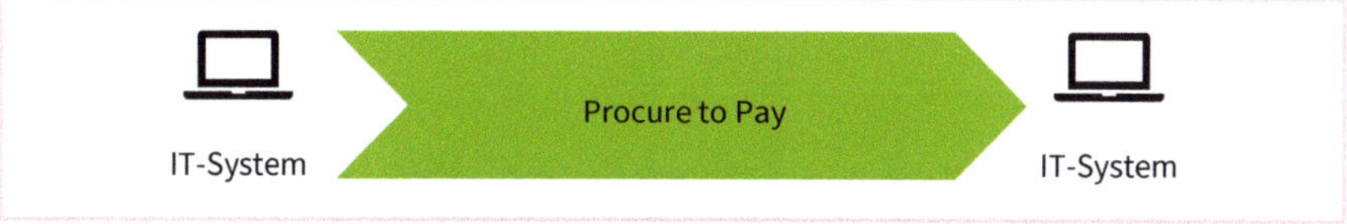

Abb. 47: IT-zu-IT-Kette

Gerade jetzt, wo viele Unternehmen auf SAP HANA umstellen, wird der Begriff »End-to-End-Prozess« besonders häufig verwendet. Gern auch im Zusammenhang mit Abkürzungen wie O2C und P2P.

Hierauf gehe ich in Kap. 10 ein.

Für die Formulierung End-to-End lässt sich resümieren:
- Am häufigsten wird sie im Zusammenhang mit IT-Prozessen verwendet.
- Sie kann jedoch auch für die Betrachtung der unternehmensübergreifenden Lieferkette stehen, wie am Beispiel der Automobilzulieferer ausgeführt.
- Gleiches gilt für die wertschöpfende Prozesskette »Wunsch der Kund:innen bis Erfüllung des Wunsches«.

End-to-End ist also nicht gleich End-to-End!

> **!** Wird von End-to-End-Prozessen gesprochen, beachte immer den Kontext!

Um eine Abgrenzung zur IT-Sichtweise zu schaffen, empfehle ich, den Begriff Prozesskette zu verwenden, wenn man den Lauf der Geschäftsprozesse durch das Unternehmen betrachtet.

10 IT-Prozesse

Das Giersberg-Prozessmodell dient der verständlichen Beschreibung von Geschäftsprozessen für Mitarbeiter:innen und Management.

Der »Geschäftsprozess« stellt die Sichtweise des oder der Mitarbeitenden in der Organisationseinheit dar.

In diesem Kapitel geht es hingegen um IT-Prozesse.

> **Definition**
> **IT-Prozesse** sind solche, die von informationsverarbeitenden Systemen ausgeführt werden.

Bei IT-Prozessen geht es um Aktivitäten zur Erreichung eines Ergebnisses, welche in der IT abgebildet werden.

Es geht um die richtige Folge von Prozessschritten in einem technischen System.

! Wer IT-Eingaben macht, ist der IT egal. Für uns Menschen ist das anders.

Wir arbeiten in Abteilungen und sitzen auf bestimmten Positionen, die unsere Mitwirkung am Geschäftsprozess bestimmen.

Im 19. Jahrhundert, als die Industrialisierung begann, erschufen Menschen die Geschäftsprozesse.

Geschäftsprozesse sind das pulsierende Blut in den Adern der Unternehmen. Auch heute noch.

Geschäftsprozesse stehen dafür, wie wir Menschen im Unternehmen mit der IT arbeiten.

10.1 Was bedeutet P2P, O2C der H2R?

Viel ist derzeit von P2P, O2C der H2R zu lesen.

Sie werden auch als Standardprozesse oder End-to-End-Prozesse bezeichnet.

Diese Begriffe werden im SAP-Umfeld häufig genutzt. Sie stehen für die durchgängige Betrachtung aller in der IT abgebildeten Geschäftsfunktionen.

- ***P2P** steht für »Procure to Pay« oder »Purchase to Pay«.* Diese Prozesskette umfasst alle in der IT abgebildeten Vorgänge von der Beschaffung über die Vertragsverwaltung bis hin zur Zahlungsabwicklung.
- ***O2C** steht für Order to Cash.* Diese Prozesskette läuft von der Bestellung bis zur Bezahlung. O2C ist ein Sammelbegriff für diese in der IT abgebildeten Vorgänge.
- ***H2R** steht für »Hire to Retire«.* Damit werden die in der IT abgebildeten Vorgänge von der Anwerbung über die Betreuung der Mitarbeiter:innen bis hin zu deren Ausscheiden zusammengefasst.

> **!** Wenn im Geschäftsalltag von Prozessen geredet wird,
> dann sind manchmal nur IT-Prozesse gemeint.

Das passiert bewusst im Rahmen von IT-Projekten.

Das passiert auch unbewusst, weil der Kontext nicht hinterfragt wird.

Ich habe beobachtet, dass manche End-to-End-Prozesse wie P2P, O2C oder H2R für Geschäftsprozesse halten. Eine aktive Unterscheidung wird dann nicht vorgenommen.

Doch die ist wichtig.

Geschäftsprozesse sind die Grundlagen, die die Gesamtleistung des Unternehmens erbringen.

Die IT hilft dabei.

Beide stehen zueinander wie eine Autobahn zu den darauf fahrenden Autos.

> **!** Geschäftsprozesse und IT-Prozesse gehören zusammen.
> Sie sollten gemeinsam betrachtet werden.

10.2 Wie können wir Standardprozesse übernehmen?

Bei der Einführung einer neuen Software erlebe ich oft, dass das Management teures Customizing – die aufwendige Anpassung der IT an die Geschäftsprozesse – vermeiden möchte.

Es gibt vor: »Wir übernehmen den Standardprozess!«

Doch diesen einen Standardprozess gibt es nicht.

So gibt es bei beispielsweise auch bei SAP zahlreiche Varianten, die sich bezüglich der Version und des unterstützenden Beratungshauses unterscheiden.

In der Folge kommt es zu Missverständnissen. Geschäftsprozesse und IT-Prozesse werden verwechselt.

Diese können vermieden werden:

- Stelle Geschäftsprozesse und IT-Prozesse gegenüber.
- Zeige dem IT-Beratungshaus, wie die Prozessketten in deinem Unternehmen verlaufen.
- Lass das IT-Beratungshaus demonstrieren, welche IT-Prozesse eingesetzt werden sollen.

Ermittle gemeinsam mit dem IT-Beratungshaus, wo Geschäfts- und IT-Prozesse zueinander passen.

Wenn sie nicht übereinstimmen, überleg dir mit deinem Team,

- ob ihr den Geschäftsprozess an den IT-Prozess anpasst oder
- ins Customizing des IT-Prozesses investiert, um die IT an euren Geschäftsprozesse anzupassen, oder
- wie ihr euren Geschäftsprozess mit einer anderen IT oder eigenem Workflow umsetzt.

Biete deinem Management eine gute Lösung an.

10.3 BPR – wenn es ganz anders laufen soll

Etwas anzupassen oder etwas völlig neu zu denken sind verschiedene Aspekte.

Der Unterschied liegt in der Radikalität der Veränderung.

Ausgangspunkt für die Entscheidung, was zu tun ist, ist das durch eine Prozesskette erzeugte Ergebnis.

Ausgangspunkt ist die Frage: Können wir das Ergebnis auch auf einem anderen, besseren Weg erreichen?

Lautet die Antwort: »Ja, wir können den Prozess – unter Nutzung der IT – ganz anders designen«, dann kommt BPR – Business Process Reengineering – zum Einsatz.

10

Beispiel

Ein Hersteller vertreibt Anlagentechnik über ein Netz von Fachhändlern. Die Fachhändler verkaufen dem Endkunden das Produkt und montieren die Anlage im Gebäude.

Neue Fachhändler schult der Hersteller in einer 2-tägigen Schulung in seinen Räumlichkeiten. Anschließend bietet er eine Hotline für die montierenden Mitarbeiter:innen des Fachhändlers im Falle von Unklarheiten an.

Die Hotline wird von hoch qualifizierten Techniker:innen des Herstellers besetzt – zusätzlich zu deren sonstigen Tätigkeiten wie Produktentwicklung und Schulungen.

Der Betrieb der Hotline ist für den Hersteller zeitaufwendig und kostenintensiv. Die Mitarbeiter:innen des Fachhändlers müssen oft lange warten, bis sie die erforderliche Unterstützung bekommen.

Das ist für beide Seiten nicht zufriedenstellend.

Viele Fragen der montierenden Mitarbeiter:innen entstehen durch mangelnde Erfahrung oder fehlendes Produktwissen. Um dies zu kompensieren, werden die teuren Techniker:innen des Herstellers nicht benötigt. Der eigentliche Sinn der Hotline, technische Fehler zu identifizieren, kommt nur selten zur Anwendung.

Die Frage ist:

Wie kann den Fachhändlern anders geholfen werden, damit sie das Produkt dem Endkunden schnell und funktionsfähig übergeben können?

Anders formuliert:

Was kann der Hersteller anstelle der Hotline anbieten, damit die Fachhändler das notwendige Wissen zum benötigten Zeitpunkt haben? Wie können technische Fehler besser herausgefiltert werden?

Die Lösung ist ein neues Prozessdesign unter Einsatz neuer Technologien.

In einem mehrstufigen Verfahren werden die einzelnen Bedürfnisse der Fachhändler abgearbeitet.

Zunächst sorgt der Hersteller dafür, dass weniger Fragen auftreten. Zu diesem Zweck stellt er ein Onlineportal für seine Fachhändler mit vielen Schulungsvideos bereit.

Treten Fragen auf, werden sie ebenfalls im Onlineportal über den Bereich »Häufig gestellte Fragen« abgedeckt.

Was nun an Fragen übrig bleibt, erfordert die hoch qualifizierten Techniker:innen des Herstellers: Diese nutzen einen Videochat, um sich mit den montierenden Mitarbeiter:innen die Situation auf der Baustelle anzuschauen.

In der neuesten Generation der Produkte hat der Hersteller die Möglichkeit geschaffen, dass seine Techniker:innen sich auf die Anlage schalten und so noch effizienter unterstützen können.

Diesen Ansatz, Prozesse völlig neu zu betrachten, haben Michael Hammer und James Champy in ihrem Konzept des Business Process Reengineerings schon in den 1990er-Jahren beschrieben (Hammer & Champy 1994).

So richtig nutzbar wird BPR erst jetzt. Es stehen immer mehr technische Möglichkeiten von einfach handhabbaren Webtechnologien bis hin zur Robotik zur Verfügung. Was du brauchst, ist nunmehr Klarheit, welche Prozessketten es im Unternehmen gibt.

Kenne die Prozessketten deines Unternehmens!

BPR erfordert:
- Kenntnis der Prozessketten,
- Wissen um die vielfältigen technischen Lösungsmöglichkeiten,
- Kreativität und Veränderungswille.

Durch Business Process Reengineering können einzelne Prozesskette neugestaltet werden.

BPR ist jedoch nicht gleich Unternehmenstransformation – dafür bedarf es mehr.

Das führe ich in Kap. 12.9 aus.

10.4 Geschäftsprozesse in IT-Prozesse übersetzen

In Kap. 5 zur Ebene 3 habe ich ausgeführt, dass Geschäftsprozesse in Prozessbeschreibungen visualisiert werden.

Diese werden bevorzugt in BPMN modelliert.

Geschäfts- und IT-Prozesse können mit der gleichen Modellierungsnotation abgebildet werden.

Doch die Darstellung wird eine andere sein:

- Geschäftsprozesse nutzen einen reduzierten Symbolsatz, damit die Beschreibung für Menschen verständlich ist,
- IT-Prozesse arbeiten mit dem vollen Symbolsatz, damit die Beschreibung in der IT umsetzbar ist.

Geschäftsprozesse und IT-Prozesse sind jedoch nicht zwei unterschiedliche Prozesse.

Es sind nur andere Sichtweisen.

> **!** Geschäfts- und IT-Prozesse sollten die gleichen Inhalte für jeweils andere Adressaten – Mensch bzw. IT-Maschine – abbilden.

Wie erreichst du das?

Das erreichst du, indem du dich schrittweise vorarbeitest.

So wie du ein komplexes Ölgemälde nicht in einem Schritt malst.

Du scribbelst mit dem Bleistift eine erste Idee, dann erstellst du eine farbige Skizze, und daraus entwickelst du das Ölgemälde.

Im Prozessmanagement heißt das für dich:

Du beginnst, die Geschäftsprozesse als solche zu identifizieren. Das machst du, indem du sie benennst.

Als Nächstes bekommt der Titel des Geschäftsprozesses einen Körper – eine Prozessbeschreibung.

Die Prozessbeschreibung gestaltest du so, dass sie für deine Kollegen und das Management gut verständlich ist.

Dann wirst du in drei oder mehr Runden alle Informationen zum Geschäftsprozess zusammentragen und in der Prozessbeschreibung hinterlegen.

So wie du die Farbskizze zum Ölgemälde entwickelst, so wirst du die Prozessbeschreibung mit immer mehr Informationen anreichern.

Eine wichtige Information dafür: Welche IT wird bereits eingesetzt. Oder welcher Vorläufer wird als Excel-Tabelle verwendet.

Ist kein BPR möglich, dann optimierst du zuerst den Prozess mit der Prozesskette und automatisierst ihn dann.

Jetzt geht es darum, ein maschinenlesbares BPMN-Modell zu schaffen.

Um unser Ansinnen, Geschäfts- und IT-Prozesse gleichlautend zu entwickeln, umzusetzen, erhältst du zwei wichtige Tipps von Volker Stiehl (Stiehl o. J.).

Volker Stiehl empfiehlt bei seinem prozessgesteuerten Ansatz,

- nur einzelne Prozessschritte des Geschäftsprozesses jeweils in maschinenlesbare Einheiten zu übersetzen und
- einen eigenen Pool in BPMN als Integrationsebene zu modellieren.

Dadurch werden die zu berücksichtigenden IT-Systeme offensichtlich

Meine Empfehlung lautet:

> **!** Die Darstellung des Geschäftsprozesses bleibt unberührt.
> Sie wird **nicht** kleinteiliger modelliert, um den Geschäftsprozess zu automatisieren.

Abb. 48 zum prozessgesteuerten Ansatz von Volker Stiehl schlüsselt in dessen Darstellung[8] den Prozessschritt »Bestellung verbuchen« über die Integrationsebene genauer auf. Diese kann mit der IT verbunden werden.

8 https://www.volkerstiehl.de/was-ist-pda/

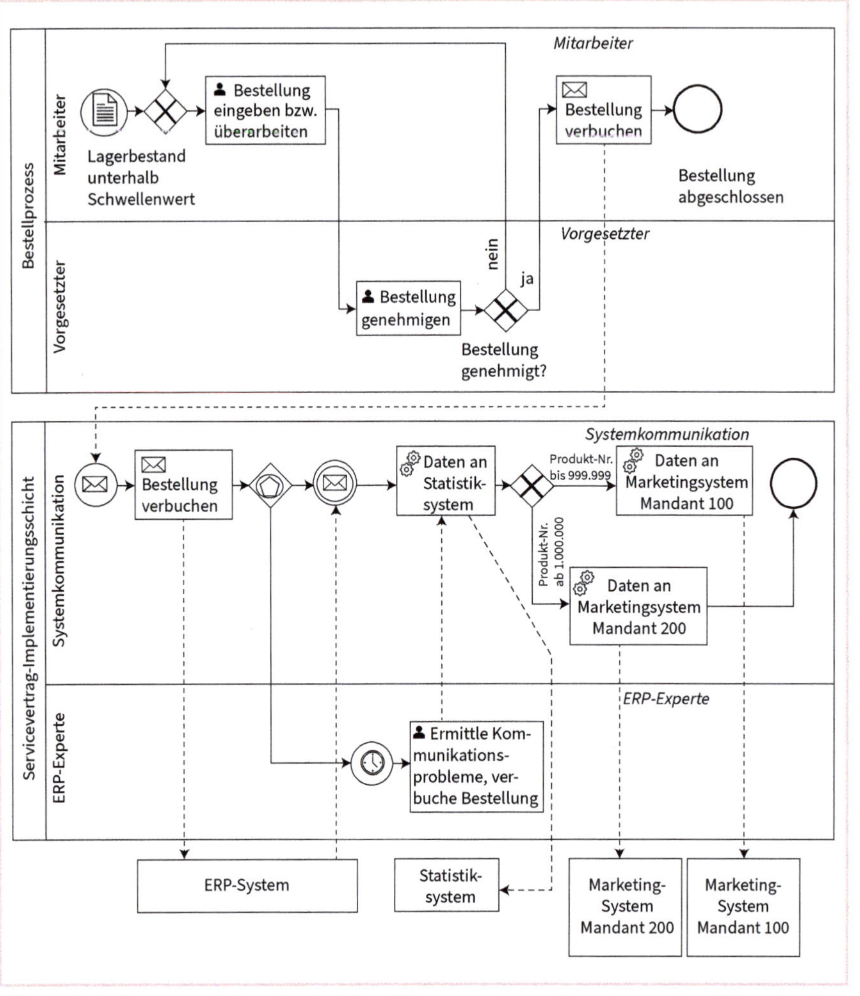

Abb. 48: Modellierung von Volker Stiehl mit Geschäftsprozess, Integrationsebene und ausführenden IT-Systemen

Vorteile dieser Vorgehensweise:

- Der Geschäftsprozess bleibt für uns Menschen in einer verständlichen, leicht zu überschaubaren Form.
- Durch die Integrationsebene sind maschinelle Tasks und ausführende IT-Systeme gut erkennbar.
- Veränderungen sind dadurch einfach und schnell umsetzbar.

Viele Veränderungen prägen unseren Arbeitsalltag, ob durch die Weiterentwicklung der IT oder durch die Neugestaltung der Geschäftsprozesse.

Veränderungen sind unser ständiger Begleiter und eine der größten Herausforderungen, denen wir offen begegnen sollten.

Bereite die nächste Veränderung gut vor:
Wähle eine Prozessdarstellung, bei der du direkt siehst, was zu tun ist.

Das spart sehr viel Zeit und Nerven.

Wenn du schon einmal nach einem IT-Fehler suchen und noch mal und noch mal probieren musstest, weißt du, was ich meine.

Dem Management ist das oft nicht klar:

- Fehlersuche in IT-Systemen prägt seinen Arbeitsalltag nicht, und
- die Suchzeiten für IT-Fehler werden nicht gemessen.

Suchzeiten sind versteckte Kosten. Sie werden als Kosten nicht wahrgenommen.

11 Prozesse aus anderen Perspektiven

Anforderungen, wie Prozesse gestaltet werden, gibt es nicht nur aus Sicht der IT.

Es gibt zahlreiche andere Anforderungen, die gestellt werden von
- Kunden,
- Behörden,
- Stakeholdern,
- dritten Parteien wie Umweltschutzverbänden.

Sie alle machen Vorgaben zur Gestaltung von Prozessen. Nachfolgend stelle ich dir einige diese Anforderungen vor:

11.1 Prozesse aus Sicht des Qualitätsmanagements

Die Zertifizierung eines Qualitätsmanagementsystems nach ISO 9001 hat sich weltweit als Standard etabliert. Kunden fordern diese unabhängige Bestätigung von ihren Lieferanten.

Die Norm zum Qualitätsmanagement (QM; DIN EN ISO 9001:2015-11) verlangt Prozesse, die die Qualität von Produkten und Dienstleistungen beeinflussen. So werden in Abschn. 8.2.3.2 Prozesse zur Aufbewahrung von Prüfergebnissen erwartet.

Die Norm gibt auch Kriterien für die Prozessausführung vor. In Abschn. 7.2b wird verlangt, dass Personen für die übertragenen Tätigkeiten kompetent sind.

Die Umsetzung dieser Prozesse mit den vorgegebenen Kriterien muss dokumentiert werden. Bis zur Fassung der ISO 9001:2015 wurde ein Handbuch mit Prozessbeschreibungen verlangt.

Ab dieser Version ist die Art der Dokumentation nicht mehr vorgegeben worden.

Dennoch habe ich beobachtet, dass viele Unternehmen – neben anderen Regelwerken – eine eigene QM-Dokumentation pflegen. Diese wird hauptsächlich im QM-Umfeld und vor Audits angewandt.

Ähnliches habe ich auch bei der Umsetzung der Datenschutz-Grundverordnung (DSGVO) gesehen.

11.2 Prozesse aus Sicht der DSGVO

Die DSGVO gibt sechs Grundsätze für die Verarbeitung personenbezogener Daten vor.

Damit diese eingehalten werden, schreibt die Verordnung die Identifikation von Prozessen zur Verarbeitung von personenbezogenen Daten vor. Im Fall einer Prüfung der Einhaltung der DSGVO ist eine Liste dieser Prozesse vorzulegen.

Zumeist führt die oder der verantwortliche Mitarbeitende sowohl eine eigene Liste der Prozesse als auch eine eigene Dokumentation zur Umsetzung der Anforderungen der DSGVO.

Diese vielen einzeln geführten Prozessdarstellungen in den verschiedenen Bereichen des Unternehmens sind kontraproduktiv.

Sie verursachen nicht nur enormen Aufwand für die jeweilige Erstellung.

Sie verhindern ihre eigene Umsetzung, da die Mitarbeiter:innen gar nicht alle einzelnen Regelungen kennen können.

> ! Eine zentrale Prozessabbildung ist ausreichend.

Wie einzelne Regelungen in eine vorhandene Prozessdarstellung eingepflegt werden, habe ich bei vielen großen Unternehmen im Bereich Risikomanagement gesehen:

11.3 Prozesse aus Sicht des Risikomanagements

Es gibt verschiedene Regelwerke, die den Betrieb eines Risikomanagements vom Unternehmen fordern. Im Prüfungsstandard 981 des Instituts der Wirtschaftsprüfer (IDW PS 981) wird beispielsweise aufgeführt, dass alle Regelungen klar dokumentiert und vorgegeben werden müssen.

In der Praxis habe ich erlebt, dass die interne Revision einer Firma ein Handbuch für die Auslegung des Risikomanagements erstellt hat.

Die Prüfungen wurden in Zusammenarbeit mit dem Prozessmanagement in das Tool zur Dokumentation der Prozesse eingearbeitet.

In den Prozessbeschreibungen wurden die Risiken hinterlegt.

Damit war diese Anforderung für den oder die Mitarbeitende gut sichtbar, und das Unternehmen konnte die Einhaltung der Regelungen deutlich verbessern.

Eine Lösung für das Handling der vielen Anforderungen an Prozesse lautet:

> Alle Regelungen können im Prozessschritt der relevanten Prozessbeschreibung mit dem Regelungsgrund sichtbar gemacht werden.

Beispiel
Kennzeichnung eines Risikos und Vorgabe einer Vieraugenprüfung im Prozessschritt »Material bestellen«, weil der Betrag 5.000€ übersteigt.

Um diese Empfehlungen umzusetzen, sind notwendig:
- ein zentrales Prozessmanagement, das
  - die Fachabteilungen dabei unterstützt, die Anforderungen in die Prozesse zu übersetzen, und
  - die Klärung sich überschneidender Regelungen koordiniert, sowie
- ein IT-Tool, das die verschiedenen Anforderungen verwalten und einzeln sichtbar machen kann.

Die vielen Anforderungen, die Unternehmen heute bewältigen müssen, erzeugen eine hohe Komplexität.

Diese lässt sich nicht mehr reduzieren.

Vielmehr muss sich der Umgang mit den Anforderungen verändern.

Die technischen Mittel zum Management riesiger Daten stehen in Echtzeit zur Verfügung.

Im abschließenden Kap. 12 möchte ich dir zeigen, welche Bedeutung Prozesse bei der Transformation der Unternehmen haben.

12 Vom Prozess in die Optimierung und die Automatisierung

Jeder kennt das Organigramm. Die Aufbauorganisation ist der Liebling der Fachliteratur.

Das Organigramm ist ein Modell.

Das Organigramm zeigt, wie die Gesamtaufgabe des Unternehmens – die Schaffung von Werten – organisiert ist.

Genauer:

Dieses Modell zeigt den Aspekt der Arbeitsteilung.

Wir sehen, in welche Teile die Gesamtaufgabe aufgeteilt ist. Das Organigramm zeigt Bereiche, Abteilungen und endet bei Stellen.

Doch das ist nur eine Seite der Wirklichkeit:

Die andere Seite zeigt, wie die einzelnen Teile wieder zur Gesamtaufgabe zusammengesetzt werden.

Wir müssen nachvollziehen, wie der erarbeitete Teil von einer Abteilung an die nächste Abteilung weitergereicht wird.

Wieder und wieder, bis der erschaffene Wert verkauft ist.

Das ist jedoch nicht sichtbar. Die Ablauforganisation ist das Stiefkind der Fachliteratur.

Das Bild der Ablauforganisation fehlt.

Das Sichtbarmachen beginnt mit dem Verständnis: Das ist ein Prozess!

Hier gibt es leider ein Knäuel von Ansichten, was ein Prozess ist.

Wir benutzen den gleichen Begriff, meinen jedoch Unterschiedliches.

Jeder Experte schaut ein wenig anders auf das Knäuel, doch wie die Fäden zusammenhängen – diese Erklärung fehlt.

12

Es fehlt die gemeinsame Basis, von wo aus wir die Facetten des Prozesses betrachten.

Diese gemeinsame Basis ist jedoch da:

Sie ist das, was man bei der theoretischen Konstruktion von Unternehmen auseinandergenommen und als einzelne Teile in Abteilungen gesteckt hat.

Alle Abteilungen ergeben zusammengesetzt wieder das große Ganze: das Bild, wie das Unternehmen den verkäuflichen Wert erzeugt.

Die gemeinsame Basis für den Prozess liegt in dessen Zuschnitt auf das Ergebnis einer Abteilung.

Das habe ich in Kap. 4 den Bezugspunkt genannt.

Alle Prozesse zusammen bilden die Bezugsebene (Kap. 4.1.1).

12.1 Schau auf den Bauplan von Unternehmen

Das Organigramm ist das Bild der Aufbauorganisation.

Im Organigramm visualisieren wir die Antwort auf die Frage: Wie haben wir uns die Arbeit geteilt?

Das wird durch verschiedene Bereiche und Abteilungen dargestellt.

In der Prozesslandkarte sind Abteilungen in einem Strang vereint (Kap. 7.2).

Sie ist das Bild der Ablauforganisation. Die Prozesslandkarte visualisiert das Konzept der Zusammenarbeit.

Sie beantwortet mit den Prozessketten die Frage: Wie arbeiten wir zusammen« (Abb. 49).

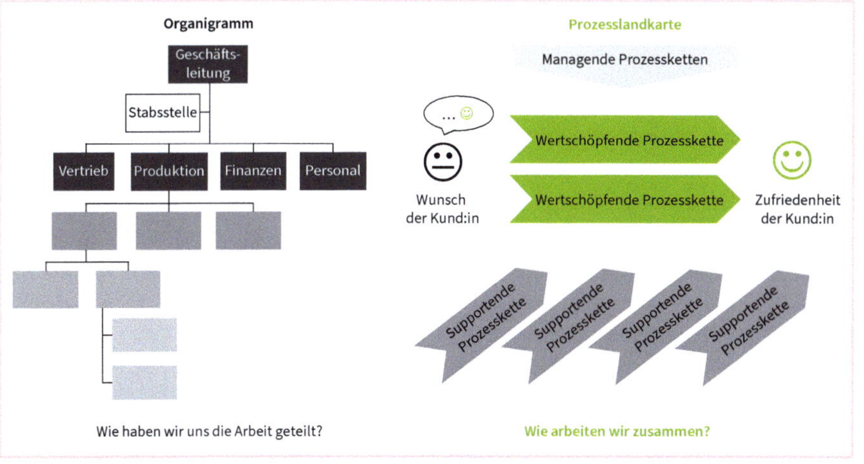

Abb. 49: Gegenüberstellung Organigramm – Prozesslandkarte

Prozesse und Prozessketten gibt es, weil sie gebraucht werden:

- entweder weil durch sie Produkte und Leistungen entstehen
- oder weil sie dafür sorgen, dass Werte erschaffen werden.

Mit dieser Sichtweise können wir erklären, wie ein Unternehmen funktioniert.

Es ist der Blick auf das, was die Organisationseinheiten vereint.

Es ist die Wahrnehmung des großen Ganzen. Es ist das Verstehen, wie das Unternehmen seine Mission erfüllt.

Doch diese Sichtweise musst du dir mit deinem Unternehmen erst erarbeiten.

12.2 Starte beim Prozessmodell

Ähnlich wie wir zuerst Zahlen kennen müssen, bevor wir rechnen lernen können, brauchen wir ein Verständnis des Prozessmodells, bevor wir die Prozesse des Unternehmens analysieren können.

Der erste Schritt ist die Klarsicht: *Das* ist ein Prozess.

Deshalb beschäftigt sich dieses Buch hauptsächlich mit Prozessen.

Mit meinem Giersberg-Prozessmodell gebe ich dir einen Leitfaden für die Prozesswelt an die Hand.

Ich habe es online für dich mit weiteren hilfreichen Checklisten und Angeboten bereitgestellt.[9]

In diesem Buch habe ich verschiedene Begriffe definiert.

Sie sind die nötige Ergänzung zum einheitlichen Verständnis. Sie machen klar, was einen Prozess von einer Prozesskette unterscheidet. Oder was einen Prozess von einem Teilprozess unterscheidet.

Das Verständnis des Prozessbegriffs ist die Eingangstür in die unbekannte Welt der Prozesse.

12.3 Jetzt die Prozessanalyse starten

- Welche Prozesse hat mein Unternehmen?
- Wie läuft dieser oder jener Prozess?

Diese Fragen beantwortest du mit der Prozessanalyse.

Auch die Prozessanalyse ist ein Stiefkind der Fachliteratur.

Sie wird nur sehr kurz behandelt.

Der Fokus der Fachliteratur liegt eher auf der Prozessmodellierung.

Doch dies allein bringt nicht die erhoffte Erkenntnis.

Das liegt einerseits daran, dass
- der Prozessbegriff so universell wie das Wort »Tempo« für Taschentücher benutzt wird,
- es andererseits diese abstrakten Prozesse nicht gibt.

Die Arbeit der Menschen gilt es genau zu verstehen.

9 https://prozessoptimierung-sprung.de/prozessmodell

Deshalb empfehle ich, die Prozessanalyse in mehreren Stufen zu bearbeiten. Ich habe dafür das Modell der **Giersberg-Prozessanalyse** entwickelt:

Ich durchlaufe dabei die Prozessanalyse in diesen **vier Phasen** (Abb. 50):

1. Prozesse identifizieren,
2. Prozesse bewerten und priorisieren,
3. Prozesse aufnehmen,
4. Prozesse einheitlich, korrekt und vollständig darstellen.

Abb. 50: Modell der Giersberg-Prozessanalyse

Die Identifikation der Prozesse des Unternehmens ist Schritt 1 der Prozessanalyse.

Du erstellst dafür die Liste aller Prozesse des Unternehmens.

Es gibt sehr viele Prozesse.

Das ist nicht zu ändern.

Mach dir und dem Management den Nutzen dieses Aufwands deutlich.

Das erleichtert die Fleißarbeit.

Durch die Liste der Prozesse kann die Prozessanalyse gut kalkuliert werden:

- Wie viel Zeit braucht das Prozessteam?
- Wie viel Zeit ist für die Mitarbeiter:innen einzuplanen?
- Wie lange dauert diese Prozessaufnahme?

Ganz viele Projekte scheitern schon in der Prozessanalyse.

Das Tagesgeschäft und diverse andere Projekte hungern die Prozessaufnahme aus – man hat keine Zeit für sie.

Eine realistische Kalkulation kann dem entgegenwirken.

In meinen Projekten trage ich nicht nur die Liste der Prozesse zusammen. Ich gehe noch weiter.

Ich setze aus der Liste der Prozesse die Prozesslandkarte zusammen.

Als Allererstes.

Das hat zwei Vorteile:

- Ich kann schnell ein Ergebnis zeigen: das Bild der Ablauforganisation.
- Die Prozessanalyse kann nach Prozessketten organisiert werden. Das bringt mit gleichem Aufwand einen höheren Erkenntnisgewinn.

Die Phase 1 »Prozesse identifizieren« ist mit der Erstellung der Liste eurer Prozesse bzw. der Prozesslandkarte abgearbeitet.

Ihr habt nun eine Übersicht, welche Prozesse es gibt.

So wie ich es in Kap. 5.3 am Beispiel der M-Werkstatt erläutert und in Abb. 15 gezeigt habe.

Das ist jedoch erst mal nur eine Annahme, welche Prozesse es gibt.

- Gibt es diese Prozesse genau so?
- Wie ist der Ablauf genau?

Das findest du mit deinem Team in Phase 3 und 4 der Prozessanalyse heraus.

Das macht Arbeit.

In Phase 2 meiner Giersberg-Prozessanalyse bewerte ich die Prozesse.

Zusammen mit meinem Kunden oder meiner Kundin überlege ich:

- Wollen wir genau wissen, wie der Prozess läuft?
- Oder wollen wir den sowieso neu gestalten?

Einige Prozesse laufen noch so, wie es immer war.

Doch wir kennen schon eine bessere Lösung – ein Business Process Reengineering:

Wir wissen, dass es eine andere, schnellere Möglichkeit – durch den Einsatz von Informationstechnologie – gibt, das Prozessergebnis zu erreichen.

Hier kalkuliere ich keine klassische Prozessaufnahme ein. Ich plane direkt die Einführung eines neuen Prozessdesigns.

Wenn diese neu zu gestaltenden Prozesse aus der gesamten Masse heraussortiert wurden, bleiben immer noch viele übrig.

Es ist nicht die Frage, ob wir **alle** Prozesse kennen müssen, um die Prozesslandschaft zu überblicken.

So überlege ich zusammen mit meinem Kunden, wie wir vorgehen.

Wir priorisieren, welche Erkenntnisse wir zuerst benötigen.

Oft wird eine Wertschöpfungskette ausgewählt, um den Return on Investment des Prozessprojekts schnell zu erhalten.

Um schneller Ergebnisse zu erreichen, könnten die Kapazitäten für die Prozessanalyse erhöht werden. Damit meine ich jedoch nicht die Beauftragung von Externen, sondern die Zeit der Mitarbeiter:innen für das Projekt.

Das ist in meinen Projekten der größte Engpass.

Bei der Prozessanalyse geht es nicht nur um die Erfassung der Prozesse.

> **!** In der Prozessanalyse muss die zielgerichtete Entwicklung der Mitarbeiter:innen und des Managements beginnen, um sie zur gemeinsamen Prozessarbeit zu befähigen.

12.4 Die Prozesse so optimieren

Wenn du in der Prozessanalyse genauer hinschaust, wirst du feststellen: Alle Mitarbeiter:innen arbeiten ein wenig anders, obwohl sie die gleiche Aufgabe haben.

Bisher wurde nur das Abteilungsergebnis überwacht. Die Wege, wie dieses entsteht, wurden nur punktuell geregelt.

So hat jeder Mitarbeitende seinen Bearbeitungsstil gefunden.

Sie nutzen unterschiedliche Wege, wie sie das Abteilungsergebnis erreichen.

12

Das kann okay sein – muss es jedoch nicht.

Hier musst du genauer hinschauen.

Du sollst herausfinden, was alle Mitarbeiter:innen einheitlich handhaben sollen.

! Es gilt, sinnvolle Standards durch eure Mitarbeiter:innen erarbeiten zu lassen.

Standards braucht dein Unternehmen,
- damit in der kleinsten Einheit – dem Prozess – die Bearbeitung reibungslos erfolgt,
- damit das Ergebnis immer gleich ist.

Erstes Ziel jeder Prozessoptimierung muss sein, die Bearbeitung eines Prozesses sinnvoll zu standardisieren.

Und nun kommt es:

Wie erreichst du, dass die Mitarbeiter:innen
- ihre Arbeitsweise umstellen?
- ihren gewohnten Pfad zugunsten des neuen aufgeben?
- mitmachen wollen?

Das erreichst du nur, wenn du die Mitarbeiter:innen in Prozessanalyse und -optimierung einbeziehst.

Und damit meine ich nicht nur gemeinsame Workshops.

Die sind nicht immer die beste Lösung.

Workshops an der falschen Stelle sind sogar schädlich.

Du brauchst ein gutes Change-Management.

Doch Change-Management ist kein gesondertes Projekt.

! Change-Management ist die Art, **wie** ihr Prozessanalyse und -optimierung durchführt.

Durch die Vorgehensweise im Prozessprojekt bestimmst du den Erfolg.

Den erreichst du durch die bewusste Entwicklung aller im und am Unternehmen arbeitenden Personen.

Also sowohl die der Mitarbeiter:innen als auch des Managements und der Stakeholder.

Und die braucht Zeit und Raum.

Am schnellsten geht es, wenn du dir und dem Management die Eckdaten klarmachst.

Mit meiner Erfahrung von über hundert Projekten habe ich meine Standard-Vorgehensweise entwickelt. Intuitiv so, wie es der Urvater des Change-Managements, John P. Kotter, empfiehlt (Kotter 2011, S. 18).

Es geht nicht um einmalige Prozessaufnahmen und -optimierung.

Es geht um *iterative* Prozessbearbeitung.

So wirst du – egal wie groß das Team zur Prozessbearbeitung ist – mehrfach die Prozesse anschauen.

Es dauert mehrere Zyklen, bis alle notwenigen Daten zusammengetragen sind.

Je mehr Anforderungen es gibt – wie in Kap. 11 ausgeführt –, desto länger dauert es.

> Plane eine iterative – also schrittweise wiederholte – Prozessbearbeitung ein.

Vielleicht denkst du jetzt:

Die unterschiedliche Arbeitsweise der einzelnen Mitarbeiter:innen ist nicht das Problem.

Unser Problem sind die Silos.

Die Lösung des Siloproblems liegt in der Wahrnehmung dessen, was zusammengehört.

Es ist das Verständnis, wie sich die Abteilungen zuarbeiten.

Es ist das Erkennen der Prozessketten.

Das beginnt mit dem Bewusstmachen der Arbeitsteilung.

In der Prozessanalyse identifizierst du mit deinem Unternehmen die einzelnen Bausteine – die Prozesse. Jedoch nicht Bereich für Bereich, sondern Prozesskette für Prozesskette.

So erkennst du

- Schnittstellen in der Prozesskette und
- wie die Prozessketten besser aufeinander abzustimmen sind.

Ziele jeder **Prozessoptimierung** müssen sein:

1. die Bearbeitung eines Prozesses sinnvoll zu standardisieren,
2. Prozesse in den Prozessketten besser aufeinander abzustimmen.

Unternehmensgruppen haben die zusätzliche Herausforderung, ihre Prozessketten weltweit sinnvoll zu standardisieren.

Kommen diese Prozessketten zu einer Prozesslandschaft zusammen, wird deutlich, wie das Unternehmen seine Ziele ins Tagesgeschäft bringt.

Diese Sicht ermöglicht, nicht mehr nur die Aufbauorganisation zu verändern, sondern direkt auf die Ablauforganisation zu wirken.

Deshalb ist die logische Konsequenz jeder Prozessoptimierung das dritte Ziel.

Ziele jeder **Prozessoptimierung** müssen sein:

1. die Bearbeitung eines Prozesses sinnvoll zu standardisieren,
2. Prozesse in den Prozessketten besser aufeinander abzustimmen,
3. Prozessketten strategisch auf das Unternehmensziel auszurichten.

12.5 Schaffe Einheitlichkeit

Um Standards zu schaffen, brauchst du Einheitlichkeit.

Je größer dein Unternehmen, desto vielfältiger ist eure Prozesslandschaft,

Und desto wichtiger ist die Gestaltung der **Prozessbeschreibung**.

Die Prozessbeschreibung ist der kleinste Baustein, aus dem die Prozesslandschaft zusammengesetzt wird.

Die Prozessbeschreibung muss in

- jedem Bereich,
- jedem Unternehmen,

- jedem Land

gleich gestaltet sein.

... sonst passen die Puzzleteile später nicht zueinander.

Mit *ungleichen* Prozessbeschreibungen wird das Bilden der Motive – das Zusammensetzen zu Prozessketten – schwer bis unmöglich.

Das bedeutet:

Du kannst das, was zusammengehört, nicht in Prozessketten darstellen.

Ohne Prozessketten kannst du nicht mehr vergleichen.

Du kannst die Prozesse, die in EMEA (Wirtschaftsraum Europa-Arabien-Afrika), Asien und Amerika laufen, nicht nebeneinanderlegen.

Du findest nicht heraus, was gleich läuft und was nicht.

Und auch nicht, welche die optimale Bearbeitungsform – euer internes Best Practice – ist.

Die gleiche Gestaltung der Prozessbeschreibung ist eine wichtige Sache, die du **vor** Beginn der Prozessanalyse regeln musst.

Es sind noch mehr Elemente notwendig, um das Funktionieren des Prozessmanagements zu ermöglichen.

Dies wird unter dem Begriff »Process Governance« zusammengefasst:

> **Definition**
> **Process Governance** umfasst das Regelwerk zur einheitlichen Darstellung und Entwicklung des Prozessmanagements.

Process Governance enthält beispielsweise diese Werkzeuge:
- Templates zur Darstellung,
- Metaprozesse zur Erstellung und Aktualisierung,
- Prozessaudit,
- System der Rollen im Prozessmanagement.

! Die Wichtigkeit von Process Governance wird häufig erst erkannt, wenn das Projekt weit fortgeschritten ist.

Doch dann ist der Geist nicht mehr in die Flasche zu bekommen.

Dann ist es verdammt schwer, Standards zu setzen.

Mit Process Governance solltest du dich also in einem sehr frühen Stadium beschäftigen.

Das Regelwerksystem muss parat sein, wenn das Projekt für die Mitarbeiter:innen sichtbar wird.

> Ich empfehle, die Process Governance in einem Vorprojekt zu erarbeiten.

In einem Vorprojekt kannst du nicht nur die Process Governance in Ruhe ausarbeiten.

Du kannst das Ziel des Prozessprojekts mit dem Vorstand klären, das gesamte Prozessprojekt mittelfristig grob und die Prozessanalyse genau planen. Mit dieser Vorbereitung erhöhst du die Wahrscheinlichkeit eines Erfolgs enorm!

Diese gute Planung macht auch deutlich, wann die Automatisierung der Prozesse sinnvoll ist.

Doch bevor ich die Frage »Wie Prozesse automatisieren?« in Kap. 12.7 beantworte, führe ich die Begriffe noch kurz aus.

12.6 Verhindere das Prozessknäuel

Bisher wird der Begriff Prozess universell für alle Ebenen des Prozessmodells verwendet.

Man benutzt den gleichen Begriff, meint jedoch etwas anderes.

Das behindert die Arbeit.

Die Lösung liegt auf der Hand: Benutze korrekte Begriffe.

Bezeichne das, was du meinst, bewusst mit dem richtigen Ausdruck.

Es gibt leider keine vereinheitlichten Begriffe.

Deshalb werfe ich hier mit dem vorliegenden Buch meine Vorschläge für die Definition diverser Prozessbegriffe in die Runde.

In meinem Prozessmodell benutze ich für jede Ebene eigene Begriffe:

- Ein *Prozess* ist die Beschreibung, wie ein Abteilungsergebnis entsteht – Ebene 3. Ein Prozess kann sich aus *Teilprozessen* zusammensetzen – Ebene 3.
- Eine *Prozesskette* setzt sich aus Prozessen verschiedener Abteilungen zusammen – Ebene 2.
- Die *Prozesslandkarte* teilt die Prozessketten in Prozessarten ein – Ebene 1.
- Als *weiterführende Regelungen* bezeichne ich ein buntes Bündel von Checkliste, Entscheidungsregeln bis zur bebilderten Anleitung – Ebene 4.

Du kannst meine Definitionen übernehmen oder eigene Varianten erarbeiten.

Wichtig ist der einheitliche Sprachgebrauch in deinem Unternehmen.

Das kannst du für präzisen Sprachgebrauch tun:

- Arbeite mit meinem Prozessmodell, um die unterschiedlichen Betrachtungsebenen zu kommunizieren.
- Benenne die Darstellungen im BPM-Tool korrekt mit Prozess, Teilprozess, Prozesskette usw.
- Benutze selbst die richtigen Begriffe, und korrigiere dich, wenn du dich mal vertan hast.

12.7 Prozesse so automatisieren

Als Ziele jeder Prozessoptimierung habe ich aufgeführt:

1. Bearbeitung eines Prozesses sinnvoll standardisieren.
2. Prozesse in den Prozessketten besser aufeinander abstimmen.
3. Prozessketten auf das Unternehmensziel strategisch ausrichten.

Jetzt ergänze ich:

4. Prozesse und Prozessketten automatisieren.

Ich beobachte zwei unterschiedliche Wege:

1. Abdecken der bisherigen Prozesse und Prozessketten mit IT,
2. Neugestaltung und anschließende Umsetzung mit IT.

Prozessoptimierung dauert.

So lange möchten viele Unternehmen nicht warten.

Viele Unternehmen wollen sofort Silos überbrücken.

Der erste Weg – das Abdecken bisheriger Prozesse und Prozessketten mit IT – erscheint deshalb attraktiv. Erste Toolanbieter haben sich darauf spezialisiert.

Sie bieten eine Plattform, die auf einem Bildschirm die anderen IT-Tools zusammenbringt. Das soll es Mitarbeiter:innen leicht machen. Sie können mit *einer* Oberfläche arbeiten; was dahinter passiert, sehen sie nicht.

Jede Abteilung kann das Tool mit eigenen Prozessausführungen erweitern. Diese Erweiterungen können ohne Kenntnisse programmiert werden. Das nennt man No-Code-Programmierung.

Das geht schnell.

Das bedeutet aber auch:

Das bisherige System wird beibehalten.

Wie wenn du und andere Kolleg:innen ein um 1900 erbautes Haus renovieren. Ihr lebt mit der Aufteilung der Räume, den alten Treppen und den schlechten Leitungen – ihr macht es euch jedoch hübscher.

Also jeder und jede für sich.

Alle renovieren jeweils nur ihren Bereich.

Selbst mit einer einheitlichen Bauleitung verändert sich der Zuschnitt der genutzten Räume nicht, alle bleiben in ihren Bereichen.

Wenn du und dein Unternehmen auf der grünen Wiese bauen würdet, dann würdet ihr das neue Haus anders bauen als das alte.

Diese Gelegenheit haben Start-ups.

Sie starten mit einem neuen Haus. Und sie werden diese Gelegenheit nutzen.

Sie werden ein offenes Haus schaffen, das Zusammenarbeit fördert und neueste Technik nutzt.

Start-ups sind eure Konkurrenz von morgen.

Bis morgen hat dein Unternehmen noch Zeit.

Dein Unternehmen kann auch den zweiten Weg gehen:

Es kann die Prozesslandschaft strategisch neu ausrichten und dies anschließend mit IT untermauern.

Dieser zweite Weg beginnt mit dem Verständnis des Prozesses.

Der Begriff führt dich mit deinem Unternehmen zu der Erkenntnis, welche Prozessketten es gibt und wie sie zu optimieren sind.

Optimieren bedeutet im Kern standardisieren.

Also das immer wieder gleich zu machen, was sinnvollerweise gleich gemacht werden sollte.

Das ist die Voraussetzung, um Prozesse zu automatisieren.

Die standardisierten Teile der Bearbeitung maschinell verarbeiten zu lassen.

Ich beobachte, dass es nicht *ein* Programm für die Automatisierung des Unternehmens gibt.

Im Gegenteil: Es stehen sehr viele IT-Anwendungen zur Auswahl.

So gibt es beispielsweise spezialisierte IT für Prozesse eines Fachgebiets wie Personio für den Human-Resources-Bereich.

Oder IT für die Verarbeitung von Auftrags-, Bestell- und Finanzdaten wie die Software von SAP.

Wir alle setzen IT zur Verwaltung unserer Mails und Kalender ein, wie MS-Outlook. Und nutzen meist schon Programme zur Arbeit in Gruppen wie MS-Teams.

Darüber hinaus sind zahlreiche branchenabhängige Tools im Einsatz.

Prozessautomatisierung bedeutet deshalb nicht: *ein* IT-Tool, das alle Prozesse spezifisch bedienen kann.

Prozessautomatisierung besteht meist aus einer Vielzahl von spezifischen Prozessausführungen, die es zu orchestrieren gilt.

Wie bei jedem guten Orchester heißt das:
- Der Dirigent ist mit der Partitur vertraut,
- er kennt alle Orchestergruppen,
- er leitet an, wie das Stück gespielt wird.

Übersetzt für das Unternehmen bedeutet das:
- Der Vorstand ist mit der Prozesslandschaft vertraut.

- Er kennt alle Organisationseinheiten (Abteilungen, Rollen, Projekte).
- Er gibt strategisch die Umsetzung vor und greift bei Abweichungen ein.

12.8 Voraussetzungen schaffen

Weißt du, welche IT dein Unternehmen einsetzt?

Hast du eine komplette Übersicht, was an welchem Arbeitsplatz verwendet wird?

Inklusive MS-Excel ...

Ich habe beobachtet, dass wir *so ungefähr* wissen, was da ist.

Jedoch nicht genau.

Wir brauchen jedoch exakte Informationen.

Wir brauchen sie, um die Prozessbearbeitung der Mitarbeiter:innen mit der verwendeten IT abzustimmen.

Und dann ist da noch etwas:

Wir brauchen 100%ig saubere Daten.

Wir müssen sicherstellen, dass die IT-Tools überhaupt miteinander kommunizieren können.

In der Prozessanalyse kann zusammengetragen werden,
- wo welche Daten verarbeitet werden und
- wo welche IT eingesetzt wird.

Das Sichtbarmachen des Ist-Zustands ist der erste Schritt.

Im zweiten Schritt kann die Transformation des Unternehmens begonnen werden.

12.9 Transformation bedeutet ...

Ich bin überzeugt, dass wir unsere Unternehmen neu gestalten sollten.

Es hat sich über die Jahre viel angesammelt, das nicht optimal läuft:

- unklare Zuständigkeiten,
- bürokratische oder zweckfreie Prozesse,
- Durcheinander in den Daten,
- Unkenntnis, wie viele unterschiedliche IT-Tools und Excel-Tabellen überhaupt im Unternehmen eingesetzt werden,
- Bearbeitungen, die unnötigerweise mehrfach verschiedene Stellen erledigen.

Das alles sollte aufgeräumt werden – bevor es in der IT verankert wird. Denn nichts hält länger als ein Provisorium …

Dein Unternehmen kann den Vorsprung vor den Start-ups nutzen.

Es kann die Transformation vollziehen.

Transformation bedeutet die Veränderung der Art und Weise, wie wir arbeiten.

Sie hat drei Aspekte:
- digital,
- strukturell,
- kulturell.

> **!** Die digitale Transformation vollzieht sich über die Prozesse.

Routinearbeiten können immer mehr auf Maschinen übertragen werden.

Du kannst die bewusst gestalteten Prozesse deines Unternehmens – Seite an Seite mit der IT – in automatisierte Abläufe bringen.

Nur ausgesuchte Prozesse bleiben in der Abarbeitung bei uns Menschen.

Ob automatisierte und nicht automatisierte Prozesse – beide werden von kompetenten Mitarbeiter:innen gesteuert.

> **!** Strukturelle und kulturelle Transformation gehen Hand in Hand.

Mit der Wahrnehmung der Zusammenarbeit der Abteilungen entsteht ein stärkeres Bedürfnis nach Koordination der Prozessketten.

Die allein fachlich-hierarchische Koordination der Arbeit wird zunehmend abgelöst werden.

In welche Richtung wir dafür schauen müssen, zeigen uns zahlreiche agile Initiativen.

> **!** Die Herausforderung für mittlere und große Unternehmen ist der Umbau ihrer Unternehmensarchitektur zu einem Rahmen, der **Zusammenarbeit** ermöglicht und fördert.

Die bisherige Unternehmensarchitektur

- trennt fachlich Abteilungen voneinander ab – Silos sind entstanden,
- fördert über die Hierarchie das Denken weniger Führungskräfte und verhindert engagierte Arbeit von allen.

Wie kommt dein Unternehmen aus dieser alten – an die Umgebung der industriellen Revolution 2.0 angepassten – Unternehmensarchitektur heraus?

Über die Wahrnehmung der eigenen Abläufe – der eigenen Prozesse.

Hier kann dir mein Prozessmodell gute Dienste leisten.

Damit kommst du in die Prozesswelt.

Durch den Fokus auf Prozesse können wir das traditionelle Denken verändern:

- von »Wer macht was?« und »Wer hat wem was zu sagen?«
- hin zu »Wie schaffen **wir zusammen** ein tolles Kundenerlebnis?«.

> **!** Über Prozesse vollzieht sich die Transformation!

Literaturverzeichnis

Brocke, Jan vom, Rosemann, Michael (eds.) (2015). Handbook on Business Process Management 1. Introduction, Methods, and Information Systems. Berlin, Heidelberg: Springer.

DIN EN ISO 9000, Qualitätsmanagementsysteme – Grundlagen und Begriffe. https://www.din.de/de/wdc-beuth:din21:235671064 [Abruf: 15.05.2023].

DIN EN ISO 9001:2015-11, Qualitätsmanagementsysteme – Anforderungen (ISO 9001:2015). https://www.din.de/de/wdc-beuth:din21:235671251 [Abruf: 15.05.2023].

Dumas, Marlon, La Rosa, Mercello, Mendling, Jan, Reijers, Hajo A. (2020). Grundlagen des Geschäftsprozessmanagements. Springer.

Gaitanides, Michael (2007). Prozessorganisation. München: Vahlen.

Glitsch, Simone (o. J.). Prozessoptimierung-Sprung. [Blog.] https://prozessoptimierung-sprung.de/prozessanalyse-vorgehensweise-methoden-und-praktische-tipps/ [Abruf: 19.12.2022.].

Hammer, Michael (2019). Der Weg zum supereffizienten Unternehmen. Harvard Business Review.

Hammer, Michael, Champy, James (1994). Business Reengineering. Die Radikalkur für das Unternehmen. Frankfurt/New York: Campus.

Harmon, Paul (2015). The Scope and Evolution of Business Process Management. In: Brocke, Jan vom, Rosemann, Michael (eds.). Handbook on Business Process Management 1. Introduction, Methods, and Information Systems. Berlin, Heidelberg: Springer, pp. 37–80. DOI: https://doi.org/10.1007/978-3-642-45100-3_3 [Abruf: 15.05.2023].

IDW PS 981 Grundsätze ordnungsmäßiger Prüfung von Risikomanagementsystemen https://www.idw.de/idw/idw-verlautbarungen/idw-ps-981.html [Abruf: 15.05.2023].

Kosiol, Erich (1962). Organisation der Unternehmung. Wiesbaden: Betriebswirtschaftl. Verl. Gabler.

Kotter, John P. (2011). Leading Change: Wie Sie Ihr Unternehmen in acht Schritten erfolgreich verändern. Vahlen.

Liegl, Philipp (o. J.). Was ist ein Tier-Supplier oder Tier-Lieferant? https://ecosio.com/de/blog/was-ist-ein-tier-supplier-oder-tier-lieferant/ [Abruf: 15.12.2022].

Nordsieck, Fritz (1955). Rationalisierung der Betriebsorganisation. Stuttgart: Poeschel.

OMG – Standards Development Organization (o. J.). Decision Model and Notation. https://www.omg.org/dmn [Abruf: 22.03.2023].

OMG – Standards Development Organization (o. J.). https://www.objectmanagementgroup.org/ [Abruf: 22.03.2023].

OMG – Standards Development Organization (o. J.). Business Process Model & Notation™ (BPMN™). www.omg.org/bpmn [Abruf: 22.03.2023].

OMG – Standards Development Organization (o. J.). Business Process Model and Notation (BPMN) Version 2.0.2. https://www.omg.org/spec/BPMN/2.0.2/PDF [Abruf: 22.03.2023].

Porter, Michael E. (2014). Wettbewerbsvorteile. Spitzenleistungen erreichen und behaupten, 8. Aufl. Frankfurt am Main: Campus.

Schmelzer, Herrmann J., Sesselmann, Wolfgang (2020). Geschäftsprozessmanagement in der Praxis. München: Carl Hanser.

Stiehl, Volker (o. J.). Was ist der »Prozessgesteuerte Ansatz«? https://www.volkerstiehl.de/was-ist-pda/ [Abruf: 14.12.2022].

Vahrs, Dietmar (2019). Organisation. Stuttgart: Schäffer-Poeschel.

Stichwortverzeichnis

Über die Autorin

Simone Glitsch

Simone Glitsch ist passionierte Prozessmanagement-Expertin, die lange Zeit als klassische Beraterin arbeitete. Die Konzeption des Masterstudiengangs Prozessmanagement an der Hochschule für Wirtschaft und Recht, Berlin, und die Ausarbeitung einer Prüfung für eine internationale Prozessmanagement-Zertifizierung lösten bei ihr einen Wandel aus.

Nach über hundert Projekten und 25 Berufsjahren fand die Betriebswirtschaftlerin, dass ihre gewonnene Praxiserfahrung nicht ausreichend in der Literatur abgebildet ist. Sie begann mit ihrem Blog. Die wiederholte kritische Frage »Was ist ein Prozess?« ihrer Leser ließ sie intensiver recherchieren.

Da sie keine zufriedenstellende Antwort fand, entwickelte sie ihr eigenes, das sog. Giersberg-Prozessmodell. Dieses setzte sie bei ihrer Kundschaft ein, die sie seit 2018 als fachlicher Coach betreut. Mit ihrer neuen Arbeitsweise leitet sie große Unternehmen an, eine prozessorientierte Organisation inhouse umzusetzen.

Auslöser für das vorliegende Buch war das positive Feedback ihrer Kundschaft. Ihr Prozessmodell macht es leicht, Prozesse in ihrer Komplexität zu verstehen – gerade, wenn weltweit agierende Unternehmen Prozesse unternehmensweit betrachten. Das Giersberg-Prozessmodell eröffnet den Ansatz, Prozessmanagement zur Unternehmenssteuerung und als Basis der Transformation zu verstehen.

Das grafische Prozessmodell kannst du im Blog downloaden:

https://prozessoptimierung-sprung.de/prozessmodell

Mit dem Code »GP23+« erhältst du den passenden Videokurs zum Prozessmanagement und weiterführende Materialien der Akademie vergünstigt.

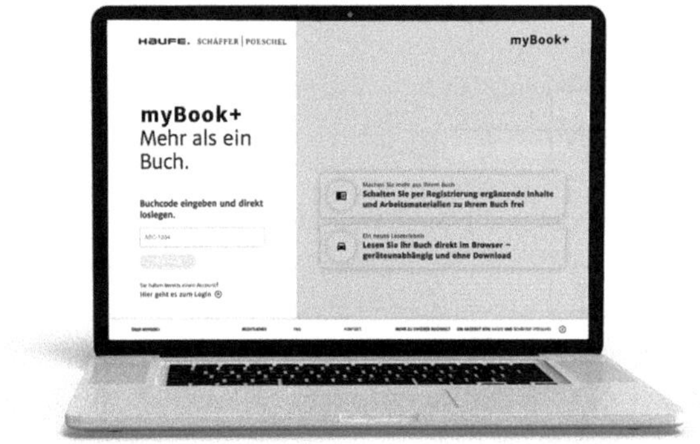

Ihre Online-Inhalte zum Buch: Exklusiv für Buchkäuferinnen und Buchkäufer!

▶ **https://mybookplus.de**

▶ Buchcode: `JYE-56086`

PI13770260
9820778